Traktoren
Typenbuch

Traktoren-Oldtimer-Treffen erfreuen sich großer Beliebtheit.

Albert Mößmer

Traktoren Typenbuch

Fahrzeuge – Daten – Technik

GeraMond

Produktmanagement: Martin Distler
Satz: Peter Schneider
Schlusskorrektur: Janina Glatzeder
Repro: Cromika s.a.s., Verona
Umschlaggestaltung: artesmedia, München
Herstellung: Thomas Fischer
Printed in Italy by Printer Trento

Für Hinweise und Anregungen sind wir jederzeit dankbar. Bitte richten Sie diese an:
GeraMond Verlag
Lektorat
Postfach 80 02 40
D-81602 München
E-Mail: lektorat@geramond.de

Alle Bilder in diesem Werk stammen aus der Sammlung Albert Mößmer, außer:
S. 70, rechts: SAME
S. 101: Chr. Spaeth / Wikimedia
S. 102: MAN-Archiv

Die Deutsche Nationalbibliothek – CIP-Einheitsaufnahme
Ein Titeldatensatz für diese Publikation ist bei der Deutschen Nationalbibliothek erhältlich.

ISBN 978-3-7654-7793-5

Über den Autor:
Albert Mößmer wurde 1958 in Dachau geboren. Seine ersten Erfahrungen mit Traktoren sammelte er auf dem landwirtschaftlichen Anwesen seiner Eltern. Nach einer technischen Ausbildung war er mehrere Jahre im Maschinenbau tätig. In dieser Zeit entwickelte sich seine Begeisterung für klassische Traktoren, deren Geschichte und technische Entwicklung ihn bis heute fasziniert. Der Wirtschafts- und Sozialwissenschaftler ist als selbstständiger Webentwickler und IT-Berater tätig. Seit 2006 verfasst Albert Mößmer Bücher über Traktoren und Landmaschinen für den GeraMond Verlag.

Inhalt

Die frühesten Schlepper von Allgaier hatten noch keine Motorhaube. Sehr gut ist die Rahmenkonstruktion zu erkennen.

Seit 1906 war die württembergische Firma Allgaier im Werkzeugbau und in der Metall verarbeitenden Industrie tätig gewesen. Der Sohn des Firmengründers und Chef in der unmittelbaren Nachkriegszeit, Erwin Allgaier, musste auf Mittel und Wege sinnen, wie er sein Unternehmen in die Friedensindustrie überführen könnte. Um wieder auf die Beine zu kommen, musste etwas anderes hergestellt werden. Da traf es sich gut, dass seine Ehefrau die Tochter des Motorenbauers Kaelble war. Allgaier kam zu dem Schluss, dass nichts nötiger wäre, um die Wirtschaft wieder auf die Beine zu stellen, als Traktoren. So schlug er drei Fliegen mit einer Klappe: Die Alliierten waren positiv gestimmt, man war nicht auf Partner angewiesen und man hatte ein Produkt, das sich gut verkaufen ließ. Bereits 1946 brachte man den ersten Schlepper auf den Markt: den R18. Optisch erinnerte der R18 an Modelle von Kramer und Fendt aus den 30er-Jahren. Bestes Erkennungsmerkmal ist der Name Kaelble auf dem unverkleideten Motorblock. Dieser lag auf einem Rahmen und hatte 18 PS. Der R18 hatte eine Verdampfungskühlung. Eine Riemenscheibe und ein Vierganggetriebe gehörten zu den weiteren Merkmalen des robusten Fahrzeugs, das ab Mai 1947 in Serie produziert werden konnte.

1949 wurde zusätzlich ein Modell mit einer Motorleistung von 22 PS gebaut, der R 22 war geboren. Beide Modelle konnten so günstig angeboten werden, dass Allgaier innerhalb kürzester Zeit zu den ganz Großen im Schlepperbau gerechnet werden konnte. ■

AUF EINEN BLICK	
Baujahr	1950
Motor	Kaelble Viertakt-Dieselmotor
Verfahren	Wälzkammer
Kühlung	Verdampfer
Zylinder	1
Hubraum	1.840 cm³
Leistung	18 PS
Drehzahl	1.500 U/min
Höchstgeschwindigkeit	19 km/h
Antrieb	H
Gänge	4V 1R
Gewicht	1.600 kg
Radstand	1.500 mm

Allgaier AP 17

Der AP 17 von Allgaier beruhte auf einer Konstruktion des berühmten Autobauers Ferdinand Porsche.

AUF EINEN BLICK	
Baujahr	1952
Motor	Viertakt-Dieselmotor
Verfahren	Wirbelkammer
Kühlung	Luft
Zylinder	2
Hubraum	1.374 cm^3
Leistung	18 PS
Drehzahl	2.000 U/min
Höchstgeschwindigkeit	26,1 km/h
Antrieb	H
Gänge	5V 1R
Gewicht	950 kg
Radstand	1.500 mm

Allgaier war ein gründlicher und hellwacher Geist. Er schaute sich auf dem Markt um und stieß auf die Pläne des Ingenieurs Porsche, der für Hitler einen „Volksschlepper“ entworfen hatte. Das Projekt war klug durchdacht, war aber nie umgesetzt worden. Allgaier trat an Porsche heran und kaufte 1949 das Baurecht für diesen Schlepper.

Im Stammwerk Uhingen war kein Platz für die beabsichtigte Großproduktion. Kurzentschlossen baute Allgaier in Friedrichshafen-Manzell auf dem zerstörten Dornier-Gelände eine neue Fabrik, in der der Porsche-Schlepper unter dem Namen AP 17 produziert wurde (A stand für Allgaier, P für System Porsche).

Wichtige Merkmale dieses Traktors waren seine Luftkühlung, das dank der Blockbauweise relativ geringe Gewicht, ein Zweizylinder-Motor mit 18 PS und Fünfganggetriebe sowie die pendelnde Vorderachse. Auf Wunsch konnte man sich einen der ersten ölhydraulischen Kraftheber Deutschlands einbauen lassen. Ein elektrischer Anlasser wurde serienmäßig angeboten.

In dieser Serie gab es noch die Modelle AP 16 und AP 22. Die zweite Generation der Porsche-Schlepper hatte eine dreistellige Nummer hinter dem A. Die Modelle A 111, A 122, A 133 und A 144 waren im Baukastenprinzip hergestellt. Ihr besonderes Kennzeichen war die nach oben gezogene Motorhaube, die später zur Beliebtheit der Porsche-Traktoren beitragen sollte. Der AP 17 war konkurrenzlos billig. ■

Über die Riemenscheibe treibt dieser A 22 eine Dreschmaschine von Dechentreiter an.

Die Modellfamilie der A-Serie war Nachfolger der R-Serie, jedoch mit Motorhaube und eigenem wassergekühlten Allgaier-Motor. Diese Schlepper wurden bis zum Ausscheiden aus der Traktorenproduktion trotz der neuen Serie „System Porsche" weitergebaut. Der A 22 war eine Weiterentwicklung aus dem R 18 und seinem Nachfolger R 22. Erstmals konnte er 1950 vorgestellt werden. Er hatte eine Motorhaube bekommen und einen Motor von Allgaier. Die Verdampferkühlung und das Vierganggetriebe waren gleich geblieben wie beim R 22. Der A22 verkaufte sich trotz der Konkurrenz der spritzigen und billigen AP-Modelle zunächst sehr gut. Zusammen mit den Modellen R18 und R 22 kam er auf rund 15.000 Exemplare. Sein größtes Problem war die Verdampferkühlung, die bis zu 13 Liter Wasser in der Stunde benötigte. Das war umständlich. Das Nachfolgemodell A 24 sollte deshalb eine Thermosyphonkühlung bekommen. Der Motor des A 22 leistete 22PS. Er konnte praktisch jedes Anbaugerät den Haken nehmen und war somit vielseitig einsetzbar. Seine robuste Bauweise sagte den wenig zimperlichen Bauern sehr zu.

1955 entschied sich Allgaier, aus dem Schleppergeschäft auszuscheiden und verkaufte die Traktorenproduktion in Manzell an Mannesmann. Unter dem Namen Porsche-Diesel wurden die Schlepper System Porsche weiterproduziert. Doch die R-/A-Serie wurde eingestellt. Die Firma zog sich auf ihr angestammtes Metier zurück. ■

AUF EINEN BLICK	
Baujahr	1953
Motor	Kaelble Viertakt-Dieselmotor
Verfahren	Wälzkammer
Kühlung	Verdampfer
Zylinder	1
Hubraum	1.840 cm^3
Leistung	20/22 PS
Drehzahl	1.500 U/min
Höchstgeschwindigkeit	20 km/h
Antrieb	H
Gänge	4V 1R
Gewicht	1.475 kg
Radstand	1.500 mm

Der GS 15 war für die kleinbäuerliche Landwirtschaft des Voralpenlandes konstruiert.

AUF EINEN BLICK	
Baujahr	ca. 1948
Motor	Viertakt-Diesel (MWM KDW 215 E)
Verfahren	Wirbelkammer
Kühlung	Wasser
Zylinder	1
Hubraum	1.178 cm³
Leistung	14/15 PS
Drehzahl	1.500 U/min
Höchstgeschwindigkeit	k. A.
Antrieb	H
Gänge	5V 1R
Gewicht	1.090 kg
Radstand	1.530 mm

Zu den vielen kleinen Unternehmen, die sich nach dem Zweiten Weltkrieg auf die Produktion von Traktoren einließen, gehörte die Bayerische Landmaschinen- und Kraftfahrzeug GmbH. Die Unternehmensgründer, die Brüder Schröter, stammten aus Thüringen und ließen sich nach Kriegsende im oberbayerischen Wolfratshausen nieder, wo sie anfangs ausgemusterte US-Militärfahrzeuge zu Spezialgefährten für die Land- und Forstwirtschaft umbauten. Der erste Traktor aus eigener Konstruktion wurde 1948 auf den Markt gebracht. Er war auf die Verhältnisse des Voralpenlandes abgestimmt und hieß „GS 15 Alpenland". Angetrieben wurde der Schlepper von einem 15 PS starken MWM-Dieselmotor. Der Traktor hatte einen mechanischen Kraftheber für Anbaugeräte, da die Hydraulik zu teuer war. Zu den technischen Besonderheiten gehörte die Vierradlenkung, die einen besonders engen Wendekreis ermöglichte. Die Lenkbremse half beim Fahren im Gelände.

In den folgenden Jahren vergrößerte das Unternehmen sein Programm um weitere Alpenland-Traktoren. Dazu gehörten ein 25- und ein 40-PS-Schlepper. Trotz des Erfindungsreichtums der Schröter-Brüder blieben die Verkaufszahlen gering. Schon 1954, also mitten im Motorisierungsboom der Landwirtschaft, musste die Produktion der Alpenland-Traktoren eingestellt werden.

AS 120

Bautz

Der AS 120 entstand auf der Grundlage eines von der Firma Zanker entwickelten Bauernschleppers.

Im württembergischen Saulgau begann in den 1890er-Jahren der Schmied Josef Bautz damit, landwirtschaftliche Werkzeuge und Geräte herzustellen. Der Grasmäher „Attila“ und der Getreidemäher „Imperator“ verkauften sich sehr gut. So wurde das Unternehmen, das auch im westlichen Ausland präsent war, zu einem wichtigen Anbieter.

Der Eintritt des traditionsreichen Landmaschinenproduzenten Bautz in die Traktorenhersteller-Riege erfolgte 1949 mit der Übernahme der Baurechte eines Modells, das die Firma Zanker entwickelt hatte. Zanker hatte einen Zweitakt-Motor verwendet, der den Anforderungen nicht voll entsprach. Deshalb setzte Bautz nach einiger Zeit einen wassergekühlten Motor der Firma MWM ein, veränderte die Motorhaube und noch ein paar andere Details. Das Ergebnis war der AS 120, ein 12-PS-Schlepper. Schon 1950 wurde die Leistung um zwei PS erhöht. Er hatte einen Einzylindermotor von MWM – den gleichen, den ein Jahr später auch das 14-PS-Modell von Hermann Lanz im benachbarten Aulendorf trug – und ein Fünfganggetriebe aus eigener Herstellung, bei dem ein Kriechgang serienmäßig eingebaut war. Auch Zapfwelle und Mähantrieb waren serienmäßig, wer noch Wert auf eine Riemenscheibe legte, musste diese zukaufen.

Bautz-Traktoren waren echte Bauernschlepper. Man konnte Zwischenachsgeräte anbauen, und die Portalachsen ermöglichten eine hohe Bodenfreiheit. Für den Kauf eines Bautz-Schleppers sprachen zwei gewichtige Gründe: Zum einen hatte Bautz ein gut entwickeltes Vertriebsnetz, von dem auch der Kunde profitierte, zum anderen waren die Anbaugeräte des Landmaschinenproduzenten gut auf die eigenen Traktoren abgestimmt. ■

AUF EINEN BLICK	
Baujahr	ca. 1950
Motor	Viertakt-Diesel (MWM KDW 415 E)
Verfahren	Wirbelkammer
Kühlung	Wasser
Zylinder	1
Hubraum	1.178 cm³
Leistung	14 PS
Drehzahl	1.600 U/min
Höchstgeschwindigkeit	19,7 km/h
Antrieb	H
Gänge	5V 1R
Gewicht	970 kg
Radstand	1.534 mm

Mit dem AS 122 führte Bautz bei seinen Schleppern die Luftkühlung des Motors ein.

AUF EINEN BLICK	
Baujahr	ca. 1952
Motor	Viertakt-Diesel (MWM AKD 112 E)
Verfahren	Direkteinspritzer
Kühlung	Luft
Zylinder	1
Hubraum	905 cm³
Leistung	12 PS
Drehzahl	2.000 U/min
Höchstgeschwindigkeit	k. A.
Antrieb	H
Gänge	4V 1R, auf Wunsch 5V 1R
Gewicht	830 kg
Radstand	1.569 mm

Bei den Kunden machte sich nach den Erfolgen von Deutz und Eicher mit luftgekühlten Traktoren zu Anfang der 50er-Jahre die Auffassung breit, die Luftkühlung sei das Nonplusultra. Die Vorteile lagen auf der Hand: kaum Wartungsbedarf, niedrigeres Gewicht, weniger Teile, die kaputt gehen konnten. So sahen sich viele Anbieter genötigt, dem Trend zu folgen.

Bautz bot ab 1952 verschiedene Modelle an, die dem Verlangen der Landwirte nach dieser Bauart entgegenkamen. Das erste war der AS 122, der dem AS 120 zur Seite gestellt wurde. Seine Motorisierung war jedoch eine ganz andere. Das Aggregat von MWM war ein luftgekühlter Einzylinder-Motor, das des AS 120 ein wassergekühlter Zweizylinder. Dieser Motor war von MWM als Antwort auf die Aggregate von Deutz entwickelt worden und kam in den folgenden Jahren bei verschiedenen Traktormarken zum Einsatz, so auch ab 1954 bei Fahr. Serienmäßig hatte das Modell AS 122 ein Viergang-Getriebe, das auf Wunsch auch durch eines mit fünf Gängen ersetzt werden konnte. Mit 830 Kilogramm war er ein Leichtgewicht. Dieser Schlepper sollte kleine Höfe motorisieren.

Die Traktorenproduktion wurde Anfang der 1950er-Jahre aus dem oberschwäbischen Saulgau völlig in das Zweigwerk in Großauheim, das heute zu Hanau gehört, verlegt. Bis 1957 hatte man ein Programm aufgebaut, das luft- und wassergekühlte Traktoren im Leistungsbereich von 12 bis 25 PS umfasste. Die landwirtschaftlichen Arbeitsgeräte wurden weiter in Saulgau produziert. ■

Das Modell 300 produzierte Bautz auch als Tragschlepper speziell für den Zwischenachsanbau. Es hieß dann 300 T.

Bautz versuchte eine Komplettabdeckung des Landmaschinenbedarfs aus eigener Hand. Neben dem Sensationserfolg „Spinne", einer 1956 vorgestellten Sternradheumaschine, baute man selbstfahrende Mähdrescher, Feldhäcksler und Ballenpressen. Sogar die Bauteile wollte Bautz selbst fertigen. Dass hierzu ein ungeheurer Entwicklungsaufwand nötig war, störte in der Boomzeit der Traktoren niemanden. Doch letztlich lag darin der Keim des Endes von Bautz. 1959 wurden zwei Traktor-Modelle vorgestellt, die einen modernen und vielseitigen Schleppertypus verkörperten: der 200 (15 PS) und der 300 (20 PS).

Diese beiden Modelle waren als Zug- und Tragschlepper mit praktischen Anbaumöglichkeiten hinten und im Zwischenachsbereich konfiguriert. Die schnittige Wespentaille erlaubte einen hervorragenden Blick auf die Arbeitsgeräte. Weitere Merkmale waren ein hydraulischer Kraftheber mit Dreipunktaufhängung, die verstellbare Spur und eine damals auch im Pkw-Bau beliebte Lenkradschaltung. Der MWM-Zweizylinder-Viertakt-Motor war luftgekühlt. Zur Kraftübertragung wurde ein Siebengang-Getriebe eingebaut.

Bautz konnte keine eigenen Schlepper der stärkeren Leistungsklassen bauen, die ab Anfang der 60er-Jahre immer gefragter waren. Deshalb gab man nach Kooperationsversuchen mit Hanomag (Bautz baute die kleinen Modelle, Hanomag die großen) 1963 die Schlepperproduktion auf und konzentrierte sich auf Landmaschinen und selbstfahrende Mähdrescher. 1969 übernahm Claas die Firma Bautz. ■

AUF EINEN BLICK	
Baujahr	1959
Motor	Viertakt-Diesel (MWM AKD 311 Z)
Verfahren	Direkteinspritzer
Kühlung	Luft
Zylinder	2
Hubraum	1.400 cm³
Leistung	20 PS
Drehzahl	2.100 U/min
Höchstgeschwindigkeit	19,5 km/h
Antrieb	H
Gänge	7V 1R
Gewicht	1.275 kg
Radstand	1.770 mm

Beilhack Bulldog 1938

Die Anzahl der Beilhack-Bulldogs blieb auf wenige Exemplare beschränkt.

AUF EINEN BLICK	
Baujahr	1938
Motor	Deutz (MAH 816)
Verfahren	Vorkammer
Kühlung	Verdampfer
Zylinder	1
Hubraum	1.808 cm³
Leistung	16 PS
Drehzahl	1.350 U/min
Höchstgeschwindigkeit	k. A.
Antrieb	H
Gänge	3V 1R
Gewicht	1.530 kg
Radstand	1.800 mm

Die Firma Beilhack kann auf eine lange Geschichte zurückblicken. 1865 gründeten die Gebrüder Beylhack in der oberbayerischen Stadt Rosenheim eine Maschinenfabrik mit einem Eisen- und Kupferhammerwerk. Es war eine breite Palette von Produkten, die das schnell wachsende Unternehmen herstellte. Dazu gehörten Wasserräder, Pumpen, Turbinen, Brauereieinrichtungen, Dampfmaschinen und landwirtschaftliche Geräte.

1937 entwickelte die Martin Beilhack Maschinenfabrik und Hammerwerk GmbH einen Kleinschlepper, der auf die Bedürfnisse der kleinen bäuerlichen Betriebe ausgerichtet war. Zu seiner Ausstattung gehörten ein Mähbalken, eine Zapfwelle und eine Riemenscheibe, die vor dem Motor quer zur Fahrtrichtung eingebaut war. Angetrieben wurde der Beilhack-Schlepper von einem einzylindrigen, 16 PS starken Hatz- oder Deutz-Motor. Eine Verdampfungskühlung sorgte dafür, dass der Motor nicht zu heiß wurde. Das Getriebe bot vier Vorwärts- und einen Rückwärtsgang.

Doch der Beilhack Diesel-Schlepper ging nie in Serienfertigung. Es war die zentralistische Wirtschaftspolitik der Nazi-Regierung, die dem Vorhaben des Rosenheimer Unternehmens ein Ende bereitete. Der Schell-Plan schrieb der Firma Beilhack von nun an vor, was sie zu produzieren hatte, und das waren keine Traktoren, sondern Räumschaufeln, Schneepflüge und Draisinen (Schienenfahrzeuge mit Hand- oder Motorbetrieb). Während des Zweiten Weltkriegs erlitten die Fertigungsanlagen durch Bombenangriffe schwere Schäden. 1948 konnte die Produktion wieder aufgenommen werden. Aber dazu gehörten trotz der einsetzenden Motorisierung der bayerischen Landwirtschaft keine Traktoren mehr. ■

Komfort 445 Spezial

Der Komfort 445 Spezial war ein flexibler Standardtraktor, der auf die Bedürfnisse der schweizerischen Landwirtschaft zugeschnitten war. Es gab ihn auch in Allradausführung.

Die Geschichte des Schweizer Traktorherstellers Bührer begann eigentlich schon 1921, als sich der junge Fritz Bührer selbstständig machte und in Burgdorf, im Kanton Bern, eine Werkstatt eröffnete. 1927 übernahm Bührer die Ford-Vertretung in Frauenfeld, im Kanton Thurgau. Schon zwei Jahre später baute er seinen ersten Traktor, und zwar aus Teilen, die er einem Unfallwagen der Marke Ford entnommen hatte. Der Schlepper war bereits mit einem Mähbalken ausgestattet. 1930 begann die Serienfertigung der Bührer-Traktoren. Es handelte sich um Kleintraktoren, die auf die Bedingungen der Schweizer Landwirtschaft zugeschnitten waren. Die Leistung betrug bis zu 40 PS.

1940 konnte eine Ausweitung der Produktion mit der Übernahme einer leerstehenden Fabrik in Hinwil, im Kanton Zürich, vollzogen werden. Während des Zweiten Weltkriegs wurden wegen der Knappheit an flüssigen Treibstoffen Schlepper mit Holzvergasermotoren hergestellt. Es wurden auch Sondermodelle für andere Unternehmen und die Armee gefertigt. Der richtige Boom kam nach dem Krieg mit der allgemein einsetzenden Motorisierung der Landwirtschaft. Bührer teilte seine Traktoren in drei Klassen ein: für kleine, mittlere und große Betriebe. Aber eingesetzt wurden die Fahrzeuge auch in der Industrie, im Handwerk und anderen Branchen. Von dem erfolgreichsten Modell wurden ungefähr 7.000 Stück verkauft. Bührer gehörte mit seinem Triplex-Getriebe in den 50er- und dem Tractospeed in den 60er-Jahren zu den führenden Unternehmen in dieser Sparte. Anfang der 70er-Jahre baute die Hinwiler Firma ein Modell mit einem von Eicher bezogenen hydrostatischen Fahrantrieb.

Nach dem schnellen Wachstum folgte die Konsolidierung auf dem Schlepper-Markt, und Bührer erlitt das gleiche Schicksal wie so viele andere kleine Traktorhersteller: Übernahme und/oder Aufgabe. 1973 wurde das Unternehmen an die Rapid-Gruppe in Dietikon verkauft. 1978 wurde die Traktorproduktion eingestellt. Etwas über 22.000 Bührer-Schlepper waren produziert worden. ■

AUF EINEN BLICK	
Baujahr	1956
Motor	Viertakt-Diesel (Mercedes)
Verfahren	k. A.
Kühlung	Wasser
Zylinder	4
Hubraum	1.800 cm³
Leistung	45 PS
Drehzahl	2.300 U/min
Höchstgeschwindigkeit	25 km/h
Antrieb	H
Gänge	10V 2R
Gewicht	1.920 kg
Radstand	1.953 mm

Der T5 war ein kleiner, starker Traktor für Gartenbaubetriebe.

AUF EINEN BLICK	
Baujahr	1957
Motor	Hatz (E 89 F)
Verfahren	Wirbelkammer
Kühlung	Luft
Zylinder	1
Hubraum	668 cm^3
Leistung	12 PS
Drehzahl	2.600 U/min
Höchstgeschwindigkeit	k. A.
Antrieb	H
Gänge	4V 3R o. 6V 3R o. 7V 3R
Gewicht	915 kg
Radstand	1.440 mm

Der Name des Unternehmens geht auf den im Jahr 1900 in Köln geborenen Everhard Bungartz zurück. Dieser übernahm 1934 von seinem Schwiegervater eine leer stehende Weinbrennerei in München und baute sie zu einer Fabrik aus. Zu den ersten Produkten des Unternehmens gehörten ein zweisitziger Kleinwagen mit der Bezeichnung „Butz", der nur ein Jahr lang gebaut wurde, Anhänger für Personenwagen und Bodenfräsen, deren Abnehmer vor allem Gartenbaubetriebe waren.

Nach dem Zweiten Weltkrieg wurden zunächst wieder Bodenfräsen produziert. Da die Gärtner nach flexibel einsetzbaren Zugmaschinen fragten, entwickelten die Konstrukteure von Bungartz Einachser-Schlepper, die mit unterschiedlichen Geräten arbeiten konnten. Den Einstieg in die Fertigung von Vierradschleppern unternahm Bungartz 1953, zuerst mit den Versuchstraktoren T1 und T2, dann mit dem Frästraktor T3. Eine größere Verbreitung erlangte drei Jahre später der T5. Dieses Modell war mit einer Neunzig-Grad-Lenkung ausgestattet, die einen fast rechtwinkligen Radeinschlag ermöglichte. Zielgruppe waren vor allem großflächige Gartenbaubetriebe, die einen wendigen, kompakten Traktor benötigten. Angetrieben wurde der T5 von einem Einzylinder-Hatz-Dieselmotor mit einer Leistung von 12 bis 16 PS. Gebaut wurde das Modell von 1956 bis 1972. Etwas stärkere Modelle waren der T6 und der T7 mit 20 PS.

Nach dem Zusammenschluss mit dem Baumaschinenfabrikanten Karl Peschke und der Gründung der Firma „Bungartz & Peschke" wurden die Traktoren ab 1966 im saarländischen Hornbach produziert. Die Allradschlepper Bungartz T8DA und T9HA50 wurden von einem 30 PS starken Deutz-Dieselmotor beziehungsweise einem 50-PS-Hatz-Motor angetrieben. Für kommunale Aufgaben wurde ab 1968 der Bungartz Kommutrac angeboten. Aber die Geschichte der Bungartz-Traktoren endete 1974 mit dem Verkauf der Schlepperfertigung an die Firma Gutbrod.

Oben: Das Modell 990 war bereits weiß-braun.

Links: Anfangs waren die David-Brown-Traktoren rot und besaßen einige gelbe Teile, wie dieser 850.

AUF EINEN BLICK: 850	
Baujahr	1961
Motor	Viertakt-Diesel (David Brown)
Verfahren	Direkteinspritzer
Kühlung	Wasser
Zylinder	4
Hubraum	2.523 cm³
Leistung	35 PS
Drehzahl	2.000 U/min
Höchstgeschwindigkeit	24 km/h
Antrieb	H
Gänge	6V 2R
Gewicht	1.900 kg
Radstand	1.910 mm

AUF EINEN BLICK: 990	
Baujahr	1969
Motor	Viertakt-Diesel (David Brown)
Verfahren	Direkteinspritzer
Kühlung	Wasser
Zylinder	4
Hubraum	3.045 cm³
Leistung	58 PS
Drehzahl	2.200 U/min
Höchstgeschwindigkeit	26 km/h
Antrieb	H
Gänge	6V 2R oder 12V 4R
Gewicht	2.130 kg
Radstand	2.000 mm

Die Geschichte der bekannten englischen Traktormarke begann mit David Brown (1904 – 1993), der im Alter von 17 Jahren als Lehrling in das von seinem Großvater gegründete Unternehmen „David Brown Limited" eintrat. Nach dem Tod seines Onkels übernahm er 1931 die Firmenleitung. Auf die Idee, Traktoren zu bauen, kam David Brown nach einem Treffen mit dem irischen Erfinder und Unternehmer Harry Ferguson, der damals einen Partner für die Produktion seines „Schwarzen Traktors" suchte. Die Herstellung des Brown-Ferguson-Schleppers begann 1936, stand aber unter keinem guten Stern und endete bald wieder. Der erste eigene Traktor war der VAK 1, dessen Produktion 1939 anlief.

Das Modell 850 (oben) kam 1960 auf den Markt. Es wurde von einem wassergekühlten Vierzylinder-Motor angetrieben und erbrachte eine Leistung von 35 PS. Im 6. Gang war es 24 km/h schnell.

Das Modell 990 (oben rechts, kleines Foto) wurde ab dem Jahr 1962 hergestellt. Es besaß eine Leistung von 58 PS und war, wie alle Traktoren dieser Marke, wassergekühlt. Der Käufer konnte zwischen einer Version mit sechs Vorwärts- und zwei Rückwärtsgängen und einer Ausführung mit der doppelten Gangzahl wählen. Ab 1965 erschienen die David-Brown-Schlepper in weiß-brauner Farbe.

Produziert wurden sie in Meltham, einem kleinen Ort östlich von Manchester. 1972 wurde die Traktorensparte von David Brown vom texanischen Mischkonzern Tenneco übernommen. Zu dieser Unternehmensgruppe gehörte der Landmaschinen- und Traktorenhersteller Case. Eine Eingliederung der kleineren britischen Marke in den größeren US-Produzenten war naheliegend. David-Brown-Traktoren wurden bis 1983 hergestellt, dann aber verschwand die Marke endgültig vom Markt. ■

Der F2M 315 war für mittlere und größere Betriebe gedacht.

AUF EINEN BLICK	
Baujahr	1940
Motor	Viertakt-Diesel (Deutz F2M 315)
Verfahren	Vorkammer
Kühlung	Wasser
Zylinder	2
Hubraum	3.400 cm³
Leistung	21 PS
Drehzahl	1.200 U/min
Höchstgeschwindigkeit	17,4 km/h
Antrieb	H
Gänge	5V 1R oder 3V 1R
Gewicht	2.500 kg
Radstand	1.920 mm

Die Traktormarke Deutz hat eine lange Geschichte. Sie reicht zurück bis in das neunzehnte Jahrhundert, als Eugen Langen (1833 – 1895) und Nikolaus Otto (1832 – 1891), der Erfinder des Otto-Motors, die Motorenfabrik N. A. Otto & Cie gründeten. Der Name „Deutz" kommt von dem einstigen Kölner Vorort, in dem das schnell wachsende Unternehmen eine Fabrik eröffnete und nach dem es später benannt wurde: die Gasmotoren-Fabrik Deutz AG.

Der Einstieg in den Traktorenbau erfolgte graduell. Es waren zunächst ein Automobilpflug und eine Pfluglokomotive, mit denen man experimentierte. Im Ersten Weltkrieg wurde eine Zugmaschine für die Artillerie konstruiert, der „Deutzer-Trekker", der nach dem Krieg hauptsächlich in der Forstwirtschaft eingesetzt wurde. Die serienmäßige Produktion von Fahrzeugen, die man als Traktoren im modernen Sinn bezeichnen hätte können, begann 1926 mit den Modellen der MTH-Reihe, die die ersten von Dieselmotoren angetriebenen Traktoren waren.

Eine ganz neue Baureihe führte Deutz 1933 mit den „Stahlschleppern" ein. Diese Traktoren wurden so genannt, weil der Motor mit einer selbsttragenden Ölwanne aus Stahlguss ausgestattet war. Auch das Getriebe lag in einem Stahlgehäuse, das mit der Ölwanne verbunden war.

Der erste Stahlschlepper wurde nach seinem Motor F2M 315 genannt. Er besaß zwei Zylinder und erbrachte eine Leistung von 28 PS. Mit 2.500 kg war sein Eigengewicht bedeutend geringer als das der Vorgängermodelle. Sein Preis lag bei ungefähr 7.500 Reichsmark.

F1M 414 „Elfer-Deutz“

Den „Elfer-Deutz“ konnten sich auch kleinere Landwirte leisten.

Die ersten Traktoren, die Deutz herstellte, waren schwer, teuer und für die Mehrzahl der kleinen Landwirte unerschwinglich. Die Motorisierung der Landwirtschaft lief vor dem Zweiten Weltkrieg vor allem auf den großen Gütern und den Höfen der zahlungskräftigeren Bauern ab.

1936 begann Deutz jedoch mit der Produktion eines Traktors, der auch auf den kleinen Höfen die Pferde und Ochsen ersetzen sollte. Es war der F1M 414, der im Preis unter 3.000 Reichsmark blieb.

Diese Summe war für die damaligen Verhältnisse zwar immer noch beachtlich, aber es waren doch ungefähr 10.000 Käufer, die sich zu der Investition entschlossen. Aufgrund seiner Zielgruppe erhielt der F1M 414 bald die Bezeichnung „Bauernschlepper“ oder „Bauern-Deutz“. Wegen seiner Motorleistung von elf PS wurde er auch „Elfer-Deutz“ genannt.

Der F1M 414 war mit einem wassergekühlten Einzylinder-Motor ausgestattet. Das Getriebe besaß drei Vorwärtsgänge und einen Rückwärtsgang. Das Fahrzeug war in der sogenannten Blockbauweise zusammengesetzt, das heißt, Motor und Getriebe waren miteinander verflanscht und stellten das tragende Element dar.

Die „Elfer-Deutz“ hätten einen größeren Beitrag zur Motorisierung der Landwirtschaft leisten können, wenn nicht der Zweite Weltkrieg dazwischengekommen wäre. Sie wurden bis 1942 gebaut und mussten dann dem Verbot der Flüssigkraftstoffe weichen. Nach Kriegsende erlebten sie noch einmal eine Renaissance. Sie wurden bis 1950 wieder produziert. Im letzten Jahr wurde die Motorleistung auf zwölf PS angehoben. ■

AUF EINEN BLICK	
Baujahr	1949
Motor	Viertakt-Diesel (Deutz F1M 414)
Verfahren	Vorkammer
Kühlung	Wasser
Zylinder	1
Hubraum	1.100 cm³
Leistung	11 PS
Drehzahl	1.550 U/min
Höchstgeschwindigkeit	7,7 km/h
Antrieb	H
Gänge	3V 1R
Gewicht	1.180 kg
Radstand	1.430 mm

F3M 417

Mit seinem Dreizylinder-Motor und 50 PS Leistung gehörte der F3M 417 seinerzeit schon zu den Großtraktoren.

AUF EINEN BLICK	
Baujahr	ca. 1948
Motor	Viertakt-Diesel (Deutz F3M 417)
Verfahren	Vorkammer
Kühlung	Wasser
Zylinder	3
Hubraum	5.768 cm^3
Leistung	50 PS
Drehzahl	1.300 U/min
Höchstgeschwindigkeit	k. A.
Antrieb	H
Gänge	5V 1R
Gewicht	3.770 kg
Radstand	2.200 mm

Nicht nur der Traktorenbau, auch das Unternehmen selbst machte eine schnelle Entwicklung durch. Nach dem Zusammenschluss mit der Maschinenbauanstalt Humboldt wurde der Firmenname in „Humboldt-Deutzmotoren AG" geändert. Eine weitere Namensänderung erfolgte 1936 nach der Fusion mit den Firmen Klöckner-Werke AG und Klöckner & Co. Das Unternehmen hieß nun Klöckner-Humboldt-Deutz AG (KHD). Für die Traktoren wurde jedoch der Markenname Deutz beibehalten.

Während die kleinen Bauernschlepper aus den Hallen in Deutz liefen, wurden dort die größeren Stahlschlepper weiterhin produziert. Für diejenigen, die hohe Ansprüche hatten, gab es ab 1935 den F3M 317, dessen Motor 50 PS leistete. Dieser Traktor eignete sich für schwere Transport- und Zugarbeiten. Sein Nachfolger war der F3M 417, der die gleiche Leistung erbrachte, aber einen neueren Motor besaß und auf der Straße schneller fahren konnte. Angetrieben wurde er ebenso wie sein Vorgänger von einem wassergekühlten Dreizylinder-Motor, der einen Hubraum von 5.768 Kubik besaß. Standardmäßig war der Schlepper ohne Dach zu haben, aber gegen Aufpreis konnte eines dazugekauft werden.

Die Produktion des F3M 417 begann 1942 und wurde noch im selben Jahr wieder beendet, da im Krieg der Treibstoff für andere Zwecke vorgesehen war. 1946, nachdem die Werkanlagen wieder genügend aufgebaut waren, konnte die Produktion erneut aufgenommen werden.

Der F3M 417 wurde bis 1953 hergestellt. Er besaß einen wichtigen Stellenwert in der Geschichte der Deutz-Traktoren. Aber die Ära der Stahlschlepper war vorbei. Nun brach die Zeit der luftgekühlten Traktoren an. ■

F1L 514 / F2L 612

Oben: Den F2L 612 gab es in mehreren Versionen.

Links: Mit dem F1L 514 führte KHD die luftgekühlten Deutz-Traktoren ein.

Erfahrungen mit der Luftkühlung hatten die KHD-Konstrukteure bereits während des Zweiten Weltkriegs gesammelt, als in dem Werk in Ulm luftgekühlte Motoren für militärische Raupenschlepper hergestellt wurden. Nach dem Krieg tat sich Eicher als Pionier in diesem Bereich hervor. Aber schon 1951 hatten auch Stihl, Allgaier und natürlich Deutz luftgekühlte Modelle im Angebot.

Der erste luftgekühlte Schlepper von KHD war der F1L 514, der 1950 in Serienfertigung ging. In vielerlei Hinsicht glich dieses Modell dem „Elfer-Deutz". Mit seinen 15 PS sprach er vor allem die kleineren Landwirte an, die es sich nun auch leisten konnten, die menschliche und tierische Arbeitskraft durch Maschinen zu ersetzen. Zur serienmäßigen Ausstattung gehörte eine Riemenscheibe. Gegen Aufpreis waren ein Mähwerk und eine Zapfwelle erhältlich. Für den Einsatz in Obstplantagen wurde eine spezielle Schmalspurversion hergestellt.

Die Luftkühlung von Motoren hatte gegenüber der Wasserkühlung gewisse Vorteile: Die Aggregate bestanden aus weniger Einzelteilen, erforderten geringeren Wartungsaufwand, es war kein Kühlwasser vorhanden, das einfrieren oder überkochen konnte und sie war leichter. Zu den Nachteilen zählten die stärkere Erwärmung und der größere Geräuschpegel.

Die Vorteile überwogen offensichtlich die Nachteile, denn die Luftkühlung setzte sich schnell durch. Mitte der 50er-Jahre brachte KHD mehrere Modelle auf den Markt, um eine Lücke im Produktprogramm zwischen 15 und 30 PS zu schließen. Eines von ihnen war der F2L 612, dessen Produktion 1954 begann und der eine Leistung von 22 PS besaß. Ab 1956 gab es ihn in zwei Versionen, eine mit 24 und die andere mit 18 PS. Die höhere Leistung wurde durch den Einbau einer Brennstoff-Förderpumpe und eine höhere Drehzahl erreicht. ■

AUF EINEN BLICK: F1L 514	
Baujahr	1951
Motor	Viertakt-Diesel (Deutz F1L 514)
Verfahren	Wirbelkammer
Kühlung	Luft
Zylinder	1
Hubraum	1.330 cm³
Leistung	15 PS
Drehzahl	1.650 U/min
Höchstgeschwindigkeit	23 km/h
Antrieb	H
Gänge	5V 1R
Gewicht	1.345 kg
Radstand	1.585 mm

AUF EINEN BLICK: F2L 612	
Baujahr	1958
Motor	Viertakt-Diesel (Deutz F2L 612)
Verfahren	Wirbelkammer
Kühlung	Luft
Zylinder	2
Hubraum	1.526 cm³
Leistung	24 PS
Drehzahl	2.300 U/min
Höchstgeschwindigkeit	20 km/h
Antrieb	H
Gänge	10V 2R
Gewicht	1.370 kg
Radstand	1.780 mm

D 15 / D 25.2

Oben: Beim D 25.2 waren Motor und Getriebe neu.

Rechts: Der D 15 war der kleine Bauernschlepper der D-Reihe.

AUF EINEN BLICK: D 15	
Baujahr	1959
Motor	Viertakt-Diesel (Deutz F1L 712)
Verfahren	Wirbelkammer
Kühlung	Luft
Zylinder	1
Hubraum	850 cm³
Leistung	14 PS
Drehzahl	2.400 U/min
Höchstgeschwindigkeit	20 km/h
Antrieb	H
Gänge	6V 2R
Gewicht	920 kg
Radstand	1.690 mm

AUF EINEN BLICK: D 25.2	
Baujahr	1964
Motor	Viertakt-Diesel (Deutz F2L 812)
Verfahren	Wirbelkammer
Kühlung	Luft
Zylinder	2
Hubraum	1.700 cm³
Leistung	22 PS
Drehzahl	2.100 U/min
Höchstgeschwindigkeit	20 km/h
Antrieb	H
Gänge	8V 2R
Gewicht	1.280 kg
Radstand	1.900 mm

Ab 1958 brachte KHD neue Traktormodelle auf den Markt, die nicht mehr nach dem Motor benannt waren, sondern nach der ungefähren Leistung (auf die nächstgrößere, durch fünf teilbare Zahl aufgerundet). Das kleinste dieser Modelle war der D 15, der den F1L 712 ablöste. Der D 15 war mit einem 14 PS starken, luftgekühlten Einzylinder-Motor ausgestattet. Er war der neue „Bauernschlepper", dessen Zielgruppe die kleinen Landwirte darstellten. Der D 15 kam 1959 auf den Markt und wurde anfangs in Köln gebaut. 1962 wurde die Produktion des kleinen D-Schleppers zu Fahr nach Gottmadingen verlagert. Eine Überholung erfuhr der D 15 1964 mit der Ausstattung mit einem neuen Motor. Es war nun ein F1L 812, der den kleinen Traktor antrieb. Der D 15 war das letzte Deutz-Modell, unter dessen Haube ein Einzylinder-Motor arbeitete.

Der D 25 gehörte ebenfalls zu den ersten Modellen der D-Reihe. Er kam 1959 auf den Markt und war für die damaligen Verhältnisse ein Schlepper der unteren Mittelklasse. Es gab ihn in mehreren Ausführungen. Die Standardvariante des D 25 besaß eine Leistung von 20 PS. Die stärkere Version, der D 25 S, konnte mit einer Leistung von 25 PS aufwarten. Beide Modellversionen waren Nachfolger des F2L 612. Angetrieben wurden sie von einem F2L 712.

Aus einer Kooperation mit dem Traktorhersteller Porsche entstand 1960 das Getriebe TW 25, das acht Vorwärts- und zwei Rückwärtsgänge bot. Es wurde ein Jahr später in die nächste Generation des D 25, den D 25.2, eingebaut. 1964 erhielt der D 25.2 mit dem F2L 812 einen neuen Motor und brachte es nun auf eine Leistung von 22 PS. Aber bereits im folgenden Jahr wurde er von einem Modell der 05er-Reihe abgelöst. ■

Zur optionalen Ausstattung des D 30 gehörte das Fritzmeier-Verdeck.

Zur Mittelklasse zählte auch der D 30, der ab 1961 gebaut wurde. Von diesem Modell gab es wiederum mehrere Versionen, die sich aber nur geringfügig unterschieden. Alle Ausführungen des D 30 besaßen eine Motorleistung von 28 PS. Als Getriebe wurde ebenfalls das TW 25 mit acht Vorwärts- und zwei Rückwärtsgängen verwendet. Der einzige entscheidende Unterschied zwischen der normalen Ausführung des D 30 und dem D 30 S war dessen Doppelkupplung, die eine getrennte Betätigung der Fahr- und der Zapfwellenkupplung erlaubte.

Die beiden Versionen waren sich nicht nur untereinander sehr ähnlich, sie waren praktisch auch baugleich mit dem D 25. Unter der Motorhaube arbeitete der gleiche Motor, der beim D 30 aber so eingestellt war, dass er eine höhere Leistung als beim D 25 erreichte. Diese größere Kraft ermöglichte den Einsatz des Traktors mit einem gezogenen Mähdrescher, was ihn zum Universalschlepper für Betriebe mittlerer Größe machte. So stieg der D 30 in die Riege der meistverkauften Traktoren Deutschlands auf.

Zu der Sonderausstattung, mit der die D-30-Modelle gegen Aufpreis versehen werden konnten, gehörte die Deutz-Transfermatic. Diese Regelhydraulik sorgte dafür, dass die gewünschte Höhe oder der eingestellte Tiefgang eines Anbaugeräts in Abhängigkeit vom Zugwiderstand eingehalten wurden. Die Transfermatic half bei schweren Arbeiten, wie beim Pflügen, den Radschlupf zu verringern.

1964 bekam der D 30 als Motor den F2L 812 eingebaut. Die Leistung blieb jedoch gleich. ■

AUF EINEN BLICK	
Baujahr	ca. 1962
Motor	Viertakt-Diesel (Deutz F2L 712)
Verfahren	Wirbelkammer
Kühlung	Luft
Zylinder	2
Hubraum	1.700 cm^3
Leistung	28 PS
Drehzahl	2.300 U/min
Höchstgeschwindigkeit	20 km/h
Antrieb	H
Gänge	8V 2R
Gewicht	1.280 kg
Radstand	1.900 mm

Bei diesem Modell handelt es sich um die 38 PS starke S-Version des D 40.1.

AUF EINEN BLICK	
Baujahr	1961
Motor	Viertakt-Diesel (Deutz F3L 712)
Verfahren	Wirbelkammer
Kühlung	Luft
Zylinder	3
Hubraum	2.550 cm³
Leistung	38 PS
Drehzahl	2.300 U/min
Höchstgeschwindigkeit	20 km/h
Antrieb	H
Gänge	7V 3R
Gewicht	2.100 kg
Radstand	2.110 mm

Der D 40 war das erste Modell der D-Reihe. Er wurde schon 1957 der Öffentlichkeit vorgestellt. Bereits zwei Jahre später wurde der Schlepper überarbeitet und als D 40.1 und D 40.1 S vertrieben. Beide Varianten besaßen ein Getriebe mit sieben Vorwärts- und drei Rückwärtsgängen. Mit seinen 35 PS bei der normalen Version und den 38 PS bei der S-Ausführung gehörte der D 40 schon zu den Traktoren, deren Zielgruppe die größeren landwirtschaftlichen Betriebe darstellten. Der Dreizylinder-Motor bot eine hohe Laufruhe und Kraftreserven, die den Schlepper für schwere Zug- und Feldarbeiten geeignet machten. Wer sich einen gezogenen Mähdrescher, einen Vollernter oder eine Presse leisten konnte, war mit diesem Traktor gut bedient. Für Fahrkomfort – soweit man damals davon sprechen konnte – sorgten die Vorderachse mit ihrer Einzelradfederung und der Fahrersitz mit dem hydraulischen Stoßdämpfer. Ein Beifahrer konnte auf einem sogenannten „Tandemsitz" direkt hinter dem Fahrer Platz nehmen. Als Zusatzausrüstung gab es ein Wetterdach mit einer Panoramascheibe, einen Frontlader mit einer Nutzlast von 700 Kilogramm, eine fahrunabhängige Zapfwelle und eine Dreipunkthydraulik. Außerdem war eine Ausführung mit Schnellgang erhältlich.

Der D 40 trug entscheidend zum Erfolg der D-Reihe bei. Er wurde über 45.000-mal verkauft. In verschiedenen Ausführungen wurde er bis 1965 hergestellt. Dann war die Zeit für eine neue Baureihe gekommen.

Der D 30 05 gehörte zu den ersten Modellen der 05er-Reihe. Er löste den D 30 ab.

Die 05er-Reihe wurde 1965 gestartet. Um die Fertigung zu rationalisieren und die Kosten zu senken, führte man bei der Traktorproduktion das Baukastensystem ein. Dies bedeutete, dass einzelne Teile, wie das Getriebegehäuse, die Vorderachse, der Kotflügel und so weiter, bei mehreren Modellen Verwendung fanden. Dies vereinfachte nicht nur die Produktion, sondern entlastete auch die Ersatzteillager.

Ein zentraler Bestandteil der Baureihe waren die neuen Motoren der 812er-Serie, die durch einen Massenausgleich größere Laufruhe besaßen. Zum Schalten gab es neue Getriebe, und auch die Hubkraft der Hydraulik war gesteigert worden. Alle Modelle hatten nun serienmäßig an der Vorderachse eine Einzelradfederung.

Zur 05er-Reihe gehörten zwei Zweizylinder-Modelle. Der D 30 05 war mit seinen 28 PS das stärkere der beiden. Er galt als Nachfolger des D 30. Was ihn von seinem kleineren Bruder außerdem unterschied, war die Motorzapfwelle, die zur Standardausstattung gehörte. Davon abgesehen waren die beiden kleinen Mitglieder der 05er-Reihe baugleich. Im Zuge der Standardisierung wurden für den D 30 05 Bauteile eingesetzt, die man von größeren Modellen übernommen hatte. Dies hatte zur Folge, dass der Zweizylinder der 05er-Reihe verglichen mit seinem Vorganger an Gewicht und Größe zugenommen hatte. Der D 30 05 wurde als Zweizylinder nun auch mit einem Axial-Kühlluftgebläse ausgestattet, was zuvor nur für größere Modelle vorgesehen war. ■

AUF EINEN BLICK	
Baujahr	1966
Motor Viertakt-Diesel (Deutz F2L 812S)	
Verfahren	Wirbelkammer
Kühlung	Luft
Zylinder	2
Hubraum	1.700 cm^3
Leistung	28 PS
Drehzahl	2.300 U/min
Höchstgeschwindigkeit	25 km/h
Antrieb	H
Gänge	8V 2R
Gewicht	1.635 kg
Radstand	1.865 mm

D 62 06 / D 130 06

Oben: Das Vierzylinder-Modell D 62 06 gehörte zur zweiten Generation der Baureihe 06.

Rechts: Unter der Motorhaube des D 130 06 arbeitete ein 120-PS-Motor mit Turbolader.

AUF EINEN BLICK: D 130 06	
Baujahr	ca. 1974
Motor	Viertakt-Diesel (Deutz BF6L 912)
Verfahren	Direkteinspritzer
Kühlung	Luft
Zylinder	6
Hubraum	5.652 cm³
Leistung	120 PS
Drehzahl	2.400 U/min
Höchstgeschwindigkeit	30 km/h
Antrieb	A
Gänge	16V 7R
Gewicht	4.760 kg
Radstand	2.550 mm

AUF EINEN BLICK: D 62 06	
Baujahr	ca. 1977
Motor	Viertakt-Diesel (Deutz F4L 912)
Verfahren	Direkteinspritzer
Kühlung	Luft
Zylinder	4
Hubraum	3.768 cm³
Leistung	60 PS
Drehzahl	2.050 U/min
Höchstgeschwindigkeit	25 km/h
Antrieb	H
Gänge	8V 4R
Gewicht	2.230 kg
Radstand	2.125 mm

Auf der DLG-Ausstellung 1968 in München wurden dem Publikum die ersten Modelle der neuen 06er-Reihe vorgestellt. Äußerlich konnten die 06er-Schlepper von den Vorgängermodellen leicht durch die eckigere Motorhaube unterschieden werden. Sie besaßen runde Scheinwerfer, die nun nicht mehr an Haltern befestigt, sondern direkt im Vorderteil der Haube integriert waren. Die 06er-Reihe wurde in den folgenden Jahren erweitert, einige der ersten Modelle wurden durch neue ersetzt.

Zur zweiten Generation der 06er-Schlepper gehörte der D 62 06, der 1974 den D 55 06 ablöste. Der D 62 06 war wie das Vorgängermodell ein Vierzylinder-Schlepper. Die Motorleistung hatte sich von 52 auf anfangs 58 und ab 1976 auf 60 PS erhöht.

KHD reagierte auf den schärfer gewordenen Wettbewerb, der sich Ende der 60er-Jahre abzeichnete, mit einer Produktoffensive, die unter dem Motto „Premiere der neuen Kraft" stand. Kraft hatte der D 130 06, der ebenfalls zur zweiten Generation der 06er-Reihe und zu den Großtraktoren seiner Zeit gehörte, zu Genüge. Unter seiner Haube arbeitete ein Sechszylinder-Motor mit Turbolader, der es auf eine Nennleistung von 120 PS brachte. Das Antriebsaggregat gehörte zur neuen 912er-Motorenreihe, die mehr Leistung erbrachte und weniger Treibstoff verbrauchte als die älteren Motoren. Vom D 130 06 gab es nur eine Allrad-Ausführung.

Die 06er-Reihe kam bei den Kunden gut an und entwickelte sich zur erfolgreichsten Baureihe der Kölner Traktorschmiede. ■

Mit den Modellen der Baureihe 07, wie diesem D 48 07, löste KHD die kleineren Schlepper der 06er-Reihe ab.

Ende der 70er-Jahre wurde die erfolgreiche 06er-Reihe durch neue Modelle ersetzt. An die Stelle der großen Traktoren der 06er trat die DX-Reihe, als Ersatz für die kleineren Modelle wurde 1980 die 07er-Reihe ins Leben gerufen. Die ersten 07er-Schlepper wurden von Dreizylinder-Motoren angetrieben. Später wurden noch Vier- und Zweizylinder-Modelle in die Baureihe aufgenommen. In technischer Hinsicht stellten sie keinen großen Sprung dar. Sie waren eher eine Anpassung an den Stand der technischen Entwicklung. Auch äußerlich hatte sich nicht viel verändert. Nur die Motorhaube hatte eine leichte Überarbeitung erfahren. Sie war nun etwas kantiger, behielt aber im Grunde das Design der Vorgängerreihe. Zu den ersten vier Modellen gehörte der D 48 07, den es in einer Version mit Hinterrad- und einer Ausführung mit Allradantrieb gab.

Ein Jahr nach dem erfolgreichen Start wurde die Baureihe um die C-Modelle ergänzt. Dabei handelte es sich um Schlepper, die mit einer Komfort-Kabine ausgestattet waren, ein anderes Getriebe besaßen und auch sonst kleinere technische Änderungen erfahren hatten. Eine Änderung erfuhr 1981 auch der Markenname, der bei den Traktoren nun „Deutz-Fahr" lautete.

1992 wurde die Traktorensparte in der KHD Agrartechnik GmbH als rechtlich selbstständige Gesellschaft unter dem Dach einer Holding organisiert.

1995 erfolgte dann die Übernahme dieser KHD Agrartechnik GmbH durch die italienische Same-Gruppe. Seitdem heißt der Konzern Same Deutz-Fahr. Die Traktoren werden seitdem nicht mehr im Rheinland, in Köln, sondern im schwäbischen Lauingen produziert. ■

AUF EINEN BLICK	
Baujahr	1980
Motor	Deutz F3L 912
Verfahren	Direkteinspritzer
Kühlung	Luft
Zylinder	3
Hubraum	2.826 cm^3
Leistung	45 PS
Drehzahl	2.300 U/min
Höchstgeschwindigkeit	25 km/h
Antrieb	H o. A
Gänge	12V 4R
Gewicht	2.230 kg
Radstand	1.995 mm

Eicher 22

Mit dem 22-PS-Modell konnte sich Eicher schon vor dem Zweiten Weltkrieg als erfolgreicher Schlepperhersteller etablieren.

AUF EINEN BLICK	
Baujahr	1942
Motor	Viertakt-Diesel (Deutz F2M 414)
Verfahren	Vorkammer
Kühlung	Wasser
Zylinder	2
Hubraum	2.198 cm³
Leistung	22 PS
Drehzahl	1.500 U/min
Höchstgeschwindigkeit	16 km/h
Antrieb	H
Gänge	4V 1R
Gewicht	1.900 kg
Radstand	1.700 mm

Das kleine, östlich von München gelegene Dorf Forstern war lange Zeit die Heimat eines bedeutenden und heute unter Oldtimer-Freunden beliebten Traktorherstellers. Dort bauten 1936 die Brüder Josef und Albert Eicher ihren ersten Vierrad-Traktor. Ausgestattet war die Zugmaschine mit dem wassergekühlten Motor F2M 313 von Deutz, der eine Leistung von 20 PS erbrachte. Im folgenden Jahr waren die Eicher-Brüder bereits mit zwei Schleppern auf der DLG-Ausstellung in München vertreten. Sie stießen auf ein breites Interesse bei den Landwirten, die nach einem bezahlbaren Traktor für Transport- und Feldarbeiten suchten.

Der 20-PS-Schlepper wurde bis 1938 gebaut. Sein Nachfolger wurde mit dem Motor F2M 414 von Deutz ausgestattet und erzielte eine Leistung von 22 PS. Das Getriebe stammte von Prometheus und bot vier Vorwärtsgänge und einen Rückwärtsgang. Der Traktor war in Blockbauweise gefertigt, das heißt, der Motor und das Getriebe bildeten das tragende Element. Der 22-PS-Schlepper überlebte den Schell-Plan, der eine Verringerung der Typenzahlen zum Ziel hatte und ein Teil der dirigistischen Wirtschaftspolitik des Nazi-Regimes war. Er wurde bis 1942 produziert und anschließend ein Opfer des Verbots von Dieselmotoren in Traktoren. Kurz darauf musste das Eicher-Werk ohnehin auf die Herstellung von Rüstungsgütern umsteigen.

Nach dem Krieg erfuhr der 22-PS-Schlepper eine Neuauflage, allerdings in zwei Versionen. In einer Ausführung wurden die noch verfügbaren Prometheus-Getriebe eingebaut. Die andere Version erhielt ein Getriebe von ZF, das allerdings die gleiche Gangzahl besaß. ■

Den 25-PS-Schlepper gab es in mehreren Varianten. Der 25/II besaß ein Renk-Getriebe.

Nach der Währungsreform im Jahr 1948 gewann die Wirtschaft und damit auch der Traktorenbau schnell an Fahrt. 1949 konnte das Eicher-Werk bereits den 1.500sten Traktor ausliefern, ein Jahr später war die Zahl der produzierten Schlepper auf 2.000 gestiegen, und bis 1953 hatte sich diese Zahl verzehnfacht.

Mit der Ausweitung der Produktion war Eicher auch bestrebt, neue Modelle einzuführen. 1950 wurde mit dem Eicher 25 das Angebot im Leistungsbereich nach oben erweitert. Der Motor war noch immer der F2M 414 von Deutz, aber in dieser Ausführung erbrachte er eine Leistung von 25 PS. Als Getriebelieferant kam diesmal die Zahnradfabrik Renk zum Zug. Es gab allerdings auch zwei Versionen mit Getrieben der Zahnradfabrik Friedrichshafen, wobei eine Version mit dem Getriebe A 12 und die andere mit dem Getriebe A 15 ausgestattet war. Um die Ausführungen voneinander zu unterscheiden, wurden die beiden Varianten mit dem ZF-Getriebe als 25/I und 25/III bezeichnet, während das Modell mit dem Renk-Getriebe die Bezeichnung 25/II erhielt. Zwei der genannten Versionen besaßen vier Vorwärtsgänge und einen Rückwärtsgang, das Modell mit dem A-15-Getriebe konnte sogar fünf Vorwärtsgänge vorweisen.

Von allen drei 25-PS-Varianten stellte Eicher ungefähr 3.700 Stück her. Dies war ein beachtlicher Erfolg angesichts des Umstandes, dass Eicher zu dieser Zeit vor allem regionale Bekanntheit erreicht hatte und der Konkurrenzkampf zwischen den zahlreichen Herstellern enorm war. ■

AUF EINEN BLICK	
Baujahr	1952
Motor	Viertakt-Diesel (Deutz F2M 414)
Verfahren	Vorkammer
Kühlung	Wasser
Zylinder	2
Hubraum	2.198 cm³
Leistung	25 PS
Drehzahl	1.500 U/min
Höchstgeschwindigkeit	19 km/h
Antrieb	H
Gänge	4V 1R
Gewicht	1.810 kg
Radstand	1.680 mm

ED 16/II

Der ED 16/II war einer der beliebtesten Traktoren seiner Zeit und ein Bestseller bei Eicher.

AUF EINEN BLICK	
Baujahr	1954
Motor	Viertakt-Diesel (Eicher ED 1)
Verfahren	Direkteinspritzer
Kühlung	Luft
Zylinder	1
Hubraum	1.425 cm^3
Leistung	19 PS
Drehzahl	1.500 U/min
Höchstgeschwindigkeit	20 km/h
Antrieb	H
Gänge	5V 1R
Gewicht	1.410 kg
Radstand	1.620 mm

Eicher gehörte nicht nur zu den beliebtesten Schleppermarken im süddeutschen Raum, das Unternehmen aus Forstern schrieb auch Traktorgeschichte, indem es 1948 als erster Hersteller ein Modell mit einem luftgekühlten Motor auf den Markt brachte. Wie es schon bei Deutz der Fall war, so konnten auch die Entwickler von Eicher auf die Erfahrungen zurückgreifen, die sie während des Zweiten Weltkriegs mit dem Bau von luftgekühlten Motoren gemacht hatten. Der von Eicher gefertigte Dieselmotor hieß ED 1 (Eicher Diesel 1). Er besaß ein Axialgebläse, das direkt auf den Zylinderkopf wirkte. Durch die neue Direkteinspritztechnik erzielte der Motor zudem hervorragende Werte beim Kraftstoffverbrauch.

Das erste Modell, in dem der neue Motor zum Einsatz kam, war der ED 16 (Eicher Diesel 16) mit einer Leistung von 16 PS. Ausgestattet war der Schlepper mit einem Vierganggetriebe von ZF. Der ED 16 gewann bei den Landwirten schnell an Beliebtheit, da er dank seiner Luftkühlung wartungsärmer war als wassergekühlte Modelle. In zwei Jahren wurden ungefähr 2.200 Stück des Eicher Diesels verkauft.

1950 wurde der ED 16 mit einem neuen Getriebe ausgestattet. Es stammte von Hurth und bot fünf Vorwärtsgänge und einen Rückwärtsgang. Als Motor wurde weiterhin der ED 1 verwendet, aber man schaffte es, seine Leistung auf 19 PS zu erhöhen. Die Bezeichnung dieses stärkeren Modells lautete nun ED 16/II. Er entwickelte sich zum großen Renner und hatte somit einen wichtigen Anteil am Motorisierungsboom der 50er-Jahre und am Aufstieg des Unternehmens Eicher.

Der L 40 war ein leistungsstarker Eicher-Schlepper, der von einem luftgekühlten Deutz-Motor angetrieben wurde.

In den 50er-Jahren traten die luftgekühlten Motoren ihren Siegeszug an. Das Ziel von Eicher war es, das Angebot an solchen Schleppern im Leistungsbereich nach oben zu erweitern. 1951 wurde mit dem L 28 ein Zweizylinder-Schlepper eingeführt, der eine Leistung von 28 PS vorweisen konnte und ebenfalls luftgekühlt war. Ein weiteres Modell, das ungefähr zur selben Zeit in Produktion ging, war der L 40, der eine Nennleistung von 42 PS besaß. Der Buchstabe L stand bei diesen Modellen für Luftkühlung und die folgende Zahl wies auf die ungefähre Leistung hin.

Die L-Modelle, die Eicher Anfang der 50er-Jahre auf den Markt brachte, waren auf die Bedürfnisse mittlerer und größerer Betriebe abgestimmt. Ein 42-PS-Modell wie der L 40 war 1951 für den durchschnittlichen bayerischen Bauernhof noch unerschwinglich. Sein Motor lag aber auch jenseits dessen, was Eicher damals selbst herstellen konnte. Deshalb wurde die benötigten Antriebe von Deutz bezogen. Beim L 28 handelte es sich um den zweizylindrigen F2L 514 und beim L 40 um den F3L 514 mit drei Zylindern. 1953 ging bei Eicher eine zweite Version dieses Schleppers, der L 40/I, in Produktion.

Der Unterschied zum L 40 lag zum einen in der Motorleistung, die auf 45 PS erhöht worden war. Eine zweite Veränderung gab es beim Getriebe. Beim L 40 wurde es von der Zahnradfabrik Friedrichshafen geliefert und bot die damals üblichen fünf Vorwärtsgänge. Das Getriebe für den L 40/I stammte von der Zahnradfabrik Augsburg und wies einen zusätzlichen Kriechgang auf.

1953 wurde die L-Reihe um ein weiteres Modell aufgestockt, nämlich um den L 60, der von einem Vierzylinder-Deutz-Motor angetrieben wurde. Der L 60 zählte mit seinen 60 PS zu den Großtraktoren seiner Zeit. ■

AUF EINEN BLICK	
Baujahr	1952
Motor	Viertakt-Diesel (Deutz F3L 514)
Verfahren	Wirbelkammer
Kühlung	Luft
Zylinder	3
Hubraum	3.990 cm³
Leistung	42 PS
Drehzahl	1.600 U/min
Höchstgeschwindigkeit	19 km/h
Antrieb	H
Gänge	5V 1R
Gewicht	2.350 kg
Radstand	2.000 mm

G 19 Kombi (EGT 22) / EKL 15/II

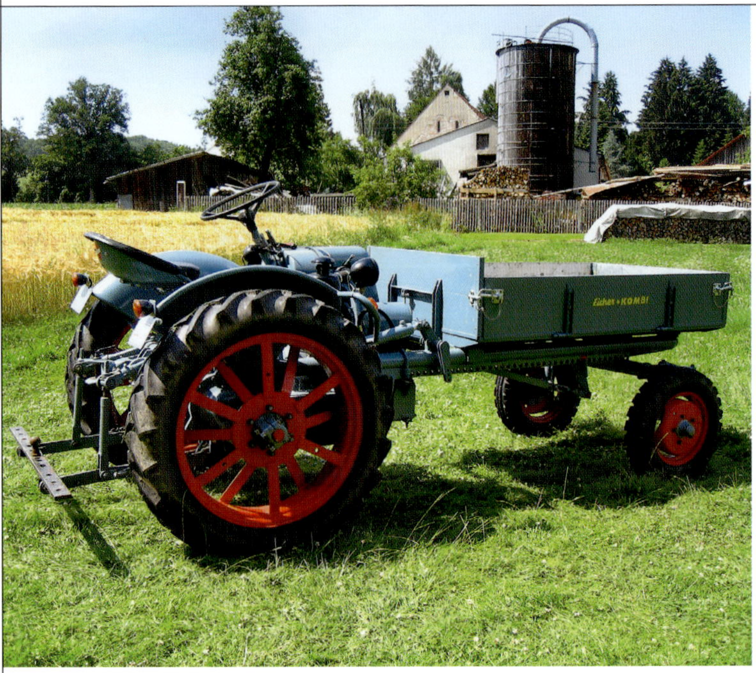

Oben: Dieser EKL 15 besitzt ein Hurth-Getriebe.

Rechts: Geräteträger wie dieser G 19 Kombi von Eicher sollten die landwirtschaftliche Arbeit erleichtern.

AUF EINEN BLICK: EKL 15/II	
Baujahr	1956
Motor	Viertakt-Diesel (Eicher ED 1a)
Verfahren	Direkteinspritzer
Kühlung	Luft
Zylinder	1
Hubraum	1.425 cm^3
Leistung	16 PS
Drehzahl	1.500 U/min
Höchstgeschwindigkeit	18 km/h
Antrieb	H
Gänge	5V 1R
Gewicht	1.180 kg
Radstand	1.600 mm

AUF EINEN BLICK: G 19 Kombi	
Baujahr	1958
Motor	Viertakt-Diesel (Eicher ED 1d)
Verfahren	Direkteinspritzer
Kühlung	Luft
Zylinder	1
Hubraum	1.557 cm^3
Leistung	22 PS
Drehzahl	1.650 U/min
Höchstgeschwindigkeit	20 km/h
Antrieb	H
Gänge	6V 2R
Gewicht	1.450 kg
Radstand	2.550 mm

Durch den einsetzenden Wirtschaftsaufschwung in den 50er-Jahren wurden nicht nur in der Industrie die Arbeitskräfte knapp. Auch in der Landwirtschaft war die menschliche Arbeitskraft ein begehrtes Gut. Und so war Rationalisierung angesagt. Die Traktorhersteller bemühten sich, dieser Herausforderung Rechnung zu tragen und einen Traktor zu entwickeln, der universell einsetzbar war, der mit mehreren Geräten gleichzeitig arbeiten konnte und der zugleich von nur einer Person bedient werden konnte. Das Ergebnis war der Geräteträger.

Der G 19 Kombi, mit der technischen Bezeichnung EGT 22, bot drei Anbauräume für Geräte: vorne, zwischen den Achsen und am Heck. Zudem war Platz für eine Ladepritsche vorhanden. Angetrieben wurde der G 19 von dem Motor ED 1d, der eine Leistung von 22 PS erbrachte.

Der Rationalisierungsdruck in der Landwirtschaft erforderte immer größere Maschinen und in Folge auch eine ständig wachsende Leistung der Traktoren. Trotz dieser Tendenzen vergaß man bei Eicher aber auch die kleinen Landwirte nicht: 1953 kamen der EKL 11 mit 11 PS und der EKL 15 mit 16 PS auf den Markt. Diese preisgünstigen Traktoren gaben nun auch den nicht so betuchten Landwirten die Möglichkeit, ihr Pferd beziehungsweise ihre Ochsen aus dem Stall zu verbannen.

Den EKL 15 gab es in zwei Ausführungen: als EKL 15/I mit einem ZF-Getriebe und, mit einem Getriebe von Hurth, als EKL 15/II. Beide besaßen fünf Vorwärtsgänge und einen Rückwärtsgang. Die Version mit dem ZF-Getriebe wurde nur zwei Jahre lang gebaut, der EKL 15/II wurde dagegen bis 1958 hergestellt.

Leopard (EM 100)

Mit seinen 15 PS war der Leopard das kleinste unter den Raubtier-Modellen. Er war der Traktor für den kleinen Hof.

Das Jahr 1958 war für Eicher ein ganz besonderes. In Indien wurde ein Tochterunternehmen gegründet, und zur selben Zeit wurde die bekannteste Baureihe des Forsterner Unternehmens gestartet. Die meisten Modelle der neuen Reihe bekamen Raubtiernamen, wie „Tiger", „Königstiger" und „Panther", weshalb man von der Raubtierreihe sprach. Neben den eingängigen Namen und einem neuen Design unterschieden sich die Raubtier-Modelle von ihren Vorgängern auch durch die neuen, aus eigener Produktion stammenden EDK-Motoren.

Sie deckten das Leistungsspektrum von den Klein- bis zu den Großtraktoren ab. Das stärkste Modell war der Mammut, der nicht nur durch seinen Namen aus der Reihe fiel, sondern als einziges Raubtier noch mit einem ED-Motor ausgestattet war. Am unteren Ende in der Leistungsskala stand der Leopard, dessen technische Bezeichnung EM 100 lautete. Der Leopard war wie der Mammut ein Nachzügler, da er erst 1960 in die Raubtierfamilie aufgenommen wurde. Unter seiner Haube arbeitete ein Einzylinder-EDK-Motor mit 15 PS Leistung. Er war als schneller und wendiger Allzwecktraktor für kleine Betriebe oder als Zweitschlepper für größere Höfe gedacht. Alleiniger Getriebelieferant für die Raubtier-Modelle war ZF. Beim Leopard waren es sechs Vorwärts- und zwei Rückwärtsgänge, die zur Verfügung standen. Standardmäßig war der Kleintraktor mit einem Mähwerk ausgestattet, das sich in nur einer Minute entfernen oder anbauen ließ. Die Vorderachse besaß eine doppelte Federung. Der Leopard wurde bis 1966 gebaut. Von dem kleinen Raubtier wurden über 5.300 Exemplare gefertigt. ■

AUF EINEN BLICK	
Baujahr	1960
Motor	Viertakt-Diesel (Eicher EDK 1)
Verfahren	Direkteinspritzer
Kühlung	Luft
Zylinder	1
Hubraum	981 cm³
Leistung	15 PS
Drehzahl	2.000 U/min
Höchstgeschwindigkeit	20 km/h
Antrieb	H
Gänge	6V 2R
Gewicht	939 kg
Radstand	1.655 mm

Königstiger (EM 300)

Ein Königstiger (rechts) und ein Mammut, an deren Scheinwerfern man erkennen kann, dass beide zur erneuerten Raubtierreihe gehören.

Eicher steuerte mit seiner Raubtierreihe seinem Höhepunkt entgegen. Die Verkaufszahlen zeigten, dass das Konzept aufgegangen war. Um im Rennen zu bleiben und mit der Konkurrenz mithalten zu können, mussten die Modelle jedoch ständig an die technische Entwicklung und die neuen Erfordernisse angepasst werden. Bei fast allen Modellen wurde die Motorleistung erhöht. Auch wenn die Änderungen hauptsächlich unter der Haube stattfanden, konnte man doch auch äußerlich die erneuerten Raubtiere von ihren Vorgängern unterscheiden. So wurden die Scheinwerfer nicht mehr an speziellen Haltern, sondern direkt an der Motorhaube befestigt.

Der „Königstiger", dessen technische Bezeichnung EM 300 lautete, war mit seinen 35 PS unter den ersten Raubtieren der Stärkste gewesen. Nur der später erschienene „Mammut" übertrumpfte ihn noch um zehn PS. Auch in der erneuerten Baureihe nahm er mit seinen nun 38 PS die zweite Stelle ein. Aber was die Verkaufszahlen betraf, entwickelte er sich zum Publikumsliebling, denn innerhalb der sechs Jahre, in denen er produziert wurde, verließen über 15.600 Exemplare der erneuerten Version die Werkhallen in Forstern. 1965 erfuhr der Königstiger eine weitere Leistungssteigerung, und zwar auf 40 PS. Das ZF-Getriebe bot acht Vorwärts- und vier Rückwärtsgänge. Die Höchstgeschwindigkeit betrug 20 km/h. Auf Wunsch konnte der Königstiger auch mit einem Schnellgang versehen werden, der eine Höchstgeschwindigkeit von 28 km/h erlaubte. Ab 1963 war auch eine Allradversion mit der technischen Bezeichnung EA 400 erhältlich. ■

AUF EINEN BLICK	
Baujahr	ca. 1965
Motor	Viertakt-Diesel (Eicher EDK 3)
Verfahren	Direkteinspritzer
Kühlung	Luft
Zylinder	3
Hubraum	2.944 cm³
Leistung	38 PS
Drehzahl	2.000 U/min
Höchstgeschwindigkeit	20 km/h
Antrieb	H
Gänge	8V 4R
Gewicht	1.850 kg
Radstand	2.120 mm

Wotan II (3014)

Die Allradversion verkaufte sich bei dem 95 PS starken Wotan II bedeutend besser als die Ausführung mit Hinterradantrieb.

Ende der 60er-Jahre waren dunkle Wolken am Himmel der Traktorhersteller aufgezogen. Der Motorisierungsboom in der Landwirtschaft hatte ein Ende gefunden, die Absatzzahlen stagnierten. Eicher reagierte 1968 auf die neuen Herausforderungen und unterzog die Raubtierreihe einer erneuten Überarbeitung. Es gab nun als Verkaufsbezeichnung den Tiger I, Tiger II, Königstiger I, Königstiger II und so weiter. Die technischen Bezeichnungen der Modelle bestanden nun aus Nummern im Dreitausender-Bereich, weshalb man die neue Baureihe als 3000er-Reihe bezeichnete.

Äußerlich konnte man die Modelle der neuen Reihe von ihren Vorgängern leicht unterscheiden. Die Motorhaube hatte ein ganz neues, kantigeres Design erhalten. Es entsprach vermutlich der damaligen Vorstellung von Modernität und Eleganz. Auch das Eicher-Logo war „modernisiert" worden. Ganz daneben lagen die Designer nicht, denn Eicher erhielt 1970 von der DLG einen Preis für den „formschönsten Traktor".

Mit der 3000er-Reihe wurden zum ersten Mal Sechszylinder-Modelle ins Programm aufgenommen. Es handelte sich um den Wotan I, den es in einer Ausführung mit Hinterradantrieb mit der technischen Bezeichnung 3017 und einer Allradversion mit der technischen Bezeichnung 3018 gab. Beide Versionen wurden von einem 80 PS starken Eicher-Motor mit dem Namen EDK 6-1 angetrieben. Noch stärker war der Wotan II, der als Hinterradversion die Nummer 3013 und als Allradausführung die 3014 hatte. Der Motor war ein EDK 6 mit 95 PS. 1973 wurde die Motorleistung des 3014 sogar auf 100 PS erhöht. ■

AUF EINEN BLICK	
Baujahr	ca. 1970
Motor	Viertakt-Diesel (Eicher EDK 6)
Verfahren	Direkteinspritzer
Kühlung	Luft
Zylinder	6
Hubraum	5.890 cm³
Leistung	95 PS
Drehzahl	2.000 U/min
Höchstgeschwindigkeit	29 km/h
Antrieb	A
Gänge	16V 7R
Gewicht	4.200 kg
Radstand	2.698 mm

Mammut 74 (3553)/3105 (3021)

Oben: Dieser 3105 wird von einem Eicher-Motor angetrieben.

Rechts: Dieser Mammut 74 besaß einen wassergekühlten Motor und war fast baugleich mit dem MF 158 von Massey Ferguson.

AUF EINEN BLICK: MAMMUT 74	
Baujahr	1978
Motor	Viertakt-Diesel (Perkins AD 4.203)
Verfahren	Direkteinspritzer
Kühlung	Wasser
Zylinder	4
Hubraum	3.335 cm³
Leistung	55 PS
Drehzahl	2.000 U/min
Höchstgeschwindigkeit	24 km/h
Antrieb	H
Gänge	16V 4R
Gewicht	2.400 kg
Radstand	2.165 mm

AUF EINEN BLICK: 3105 (3021)	
Baujahr	ca. 1980
Motor	Viertakt-Diesel (Eicher EDK 6-4)
Verfahren	Direkteinspritzer
Kühlung	Luft
Zylinder	6
Hubraum	5.890 cm³
Leistung	105 PS
Drehzahl	2.300 U/min
Höchstgeschwindigkeit	30 km/h
Antrieb	H
Gänge	16V 7R
Gewicht	4.780 kg
Radstand	2.775 mm

Mit Beteiligung von Massey Ferguson fand 1970 eine Neugründung von Eicher als GmbH statt. Der Grund dafür lag zum einen in den schwierigen wirtschaftlichen Bedingungen, zum anderen in der Ankündigung des Getriebelieferanten ZF, die Produktion des in den Standardtraktoren verwendeten Getriebes einzustellen. Massey Ferguson, so hoffte man bei Eicher, würde der nötige starke Partner sein, der das Überleben sicherte.

1973 wurde die Traktorenproduktion nach Landau an der Isar verlagert, und zugleich erfolgte der Start der neuen Baureihe 74. An die Stelle von ZF trat nun Massey Ferguson als Getriebelieferant. Die luftgekühlten Eicher-Motoren waren in den 74er-Modellen von Perkins-Motoren verdrängt worden. Beim Mammut 74 stammten fast nur noch der gegossene Vorderachsblock und die Blechverkleidung von Eicher selbst.

Der Baureihe 74 folgte 1977 die Baureihe Phase III. Die Modelle wurden nicht mehr nach Raubtieren, Mammut oder Wotan genannt, sondern bekamen nun sowohl als Verkaufs- als auch als technische Bezeichnung eine Nummer. Das Modell mit der Verkaufsbezeichnung 3105 hatte die technische Bezeichnung 3021.

Die Motoren stammten teilweise wieder aus der eigenen Produktion. Beim Modell 3105 handelte es sich um einen luftgekühlten EDK 6-4 mit sechs Zylindern und einer Leistung von 105 PS. Auch die Getriebe wurden für manche Modelle wieder von ZF geliefert. Die Eicher-Traktoren bekamen dadurch ihren eigenen Charakter zurück. Aber dies konnte Eicher nicht mehr retten, denn auch Massey Ferguson schlitterte bald in die Krise, und die Verkaufszahlen waren bei Eicher mittlerweile so weit gesunken, dass Mittel für nötige Investitionen fehlten. ■

In ungewöhnlichem grünen Farbkleid präsentiert sich dieser F 17 N. Über 90 Prozent der Fahr-Schlepper waren rot.

Die Traktorenfertigung beim großen Landmaschinenproduzenten Fahr begann 1938, als im Rahmen des Schell-Plans ein 22-PS-Schlepper gebaut wurde. Wegen der Nachkriegswirren brauchte Fahr bis 1948, ehe wieder Traktoren aus der Fabrikhalle im badischen Gottmadingen rollten. Nach der Premiere mit dem D 28 (28 PS) wurden die Modelle D 15, D 22, D 25 und D 30 (als Update des D 28) angeboten. Die leistungsverbesserte Version des D 15 wurde ab 1951 der D 17. Dieses Modell wiederum wurde 1953 mit dem moderneren Güldner-Motor 2 DN versehen, der den 2 D 15 ersetzte, und als D 17 N verkauft.

Dieser wassergekühlte Zweizylinder-Motor leistete bei 1.800 Umdrehungen 17 PS. Fahr hatte ein Fünfgang-Getriebe eingebaut. Im D 17 NA kam eine andere Getriebeversion zum Einsatz. Der D 17 N war auch in der Hochradversion D 17 NH zu haben. In allen seinen Varianten gehörte der D 17 zu den erfolgreichsten Fahr-Schleppern. 1955 wurde der Bau der wassergekühlten 17-PS-Schlepper eingestellt. Stattdessen setzte sich die luftgekühlte Version D 130 durch, die ebenfalls 1953 angetreten war.

Kennzeichnend für die Traktoren von Fahr war die runde Motorhaube mit dem sechsfach aufgeteilten Kühlergrill. Praktisch alle waren sie leuchtend rot lackiert. Das war auch die charakteristische Hausfarbe der Landmaschinen. Später, unter der Haube von Deutz-Fahr blieben die Landmaschinen rot, während die Schlepper das Grün von Deutz übernahmen. ■

AUF EINEN BLICK	
Baujahr	1954
Motor	Viertakt-Diesel (Güldner 2 DN)
Verfahren	Wirbelkammer
Kühlung	Wasser
Zylinder	2
Hubraum	1.305 cm³
Leistung	17 PS
Drehzahl	1.800 U/min
Höchstgeschwindigkeit	20 km/h
Antrieb	H
Gänge	5V 1R
Gewicht	1.230 kg
Radstand	1.640 mm

Ab Mitte der 50er-Jahre: Der D 90 als luftgekühlter kleinerer Bauernschlepper.

AUF EINEN BLICK	
Baujahr	1954
Motor	Viertakt-Diesel (MWM AKD 112 E)
Verfahren	Direkteinspritzer
Kühlung	Luft
Zylinder	1
Hubraum	905 cm^3
Leistung	12 PS
Drehzahl	2.000 U/min
Höchstgeschwindigkeit	18 km/h
Antrieb	H
Gänge	5V 1R
Gewicht	1.050 kg
Radstand	1.520 mm

Die neue Generation der Schlepper aus dem Hause Fahr wurde nicht mehr nach ihrer PS-Leistung benannt, sondern nach der Größe des Hubraums. Man nahm die Kubikzahl und strich die letzte Ziffer. Mit Ausnahme des D 160 waren alle Fahrzeuge dieser Reihe luftgekühlt. So entstand als kleinstes Modell der D 90. Sein Einzylinder-Motor mit Direkteinspritzung hatte einen Hubraum von 905 Kubik. Man hatte ein luftgekühltes Aggregat von MWM verwendet. Bei den anderen Modellen dieser Reihe wurden für die mittleren Leistungsklassen Güldner-Motoren, bei den großen Traktoren ab 32 PS solche von Deutz eingesetzt. Mit beiden Herstellern ging das Unternehmen später enge Kooperationen ein.

Mit einer Leistung von 12 PS war der D 90 als kleiner Schlepper für Höfe konzipiert, die den Einstieg in die Motorisierung erst noch vollziehen wollten. Außerdem konnte er als leichter und preiswerter Zweitschlepper eingesetzt werden. Von der gleichzeitig eingeführten Hochradversion verkaufte Fahr mehr als doppelt so viele Exemplare. Der D 90 wurde zwischen 1953 und 1956 gebaut. Dann löste ihn das Tandem der Kleintragschlepper D 66 und D 88 ab, die in enger Zusammenarbeit mit Güldner entstanden waren. Der eine hatte 11, der andere 13 PS. Diese Kooperation trug dazu bei, die Baukosten zu senken. Das abgebildete Modell des D 90 ist deswegen ungewöhnlich, weil es in einer grünen Lackierung restauriert wurde, die nur zu einem geringen Prozentsatz verkauft wurde. Der überwiegende Teil der Schlepper bekam eine rote Farbe.

Viele Landwirte bevorzugten weiterhin wassergekühlte Traktoren. Fahr entsprach diesem Trend mit seinem Modell D 135.

In den Jahren 1958/59 wurde eine wassergekühlte Variante des D 130 gebaut. Fahr bezeichnete dieses Modell als D 135, obwohl diese Zahl nicht dem Volumen entsprach. Sein Hubraum war vielmehr mit dem des D 130 identisch. Letztlich war der D 135 eigentlich auch ein Nachfolger des wassergekühlten D 17 N. Die Kunden wollten sich dieses Modell nicht nehmen lassen. Der Zweizylinder-Motor des D 135 stammte wieder von Güldner. Er bot bei 1.950 Touren eine Leistung von 18 PS. Das Getriebe hatte acht Vorwärtsgänge und einen Rückwärtsgang. In seiner kurzen Bauzeit wurde der Schlepper (zusammen mit der erfolgreicheren Hochradausführung) über 2.300-mal verkauft.

Ein gleichzeitig auf den Markt gebrachtes Modell war der D 177, ebenfalls wassergekühlt, der einen Unimog-Motor von Daimler-Benz erhalten hatte. Dieses Vierzylinder-Modell mit 34 PS konnte sich bis 1961 behaupten und stellte seine Besitzer mehr als zufrieden.

1959 wurde der D 135 von dem Modell D 131 W (Toledo) abgelöst, das schon zur „Europa"-Reihe gehörte. Diese Reihe war eine Kooperation von Fahr mit Güldner, wobei Fahr die großen Modelle ab 25 PS, Güldner aber die kleineren Modelle betreute. Die Modelle beider Firmen waren bis auf die Motorhaube und die Farbgebung identisch.

Diese Zusammenarbeit klappte aber nur etwas über zwei Jahre, dann ging Fahr mit Deutz zusammen und musste den Schlepperbau aufgeben. Das ehemalige Werk in Gottmadingen gehört heute dem Landmaschinenproduzenten Kverneland. ■

AUF EINEN BLICK	
Baujahr	ca. 1958
Motor	Viertakt-Diesel (Güldner 2 DNS)
Verfahren	Wirbelkammer
Kühlung	Wasser
Zylinder	2
Hubraum	1.305 cm³
Leistung	18 PS
Drehzahl	1.950 U/min
Höchstgeschwindigkeit	20 km/h
Antrieb	H
Gänge	8V 1R
Gewicht	1.161 kg
Radstand	1.690 mm

Dieselross F 18

Dieses Dieselross war während des Kriegs in Brand geraten und hatte sogar einen Motordurchschuss. Davon merkt man heute nichts mehr.

AUF EINEN BLICK	
Baujahr	1939
Motor	Viertakt-Diesel (Deutz MAH 716)
Verfahren	Wirbelkammer
Kühlung	Verdampfungskühlung
Zylinder	1
Hubraum	1.797 cm^3
Leistung	18 PS
Drehzahl	1.400 U/min
Höchstgeschwindigkeit	15 km/h
Antrieb	H
Gänge	4V 1R
Gewicht	1.500 kg
Radstand	1.700 mm

Fendt war 1928 mit dem ersten Grasmäher in die Öffentlichkeit getreten. Nur langsam begann der Aufstieg. 1936 wurden gerade mal 30 Fahrzeuge gebaut. Doch dank eines Kooperationsabkommens mit der BayWa ging es dann sehr schnell bergauf. Das Paradestück der Vorkriegs-Dieselrösser war der F 18 mit einem 18 PS starken Einzylinder-Viertakt-Dieselmotor von Deutz mit zwei Einspritzventilen, der ab März 1937 gefertigt wurde. 1942, als nur noch Holzgasschlepper fahren durften, wurde sein Bau eingestellt.

Der Motor wurde durch eine Verdampfungskühlung auf Temperatur gehalten. Das Untersetzungsgetriebe aus Chromnickelstahl hatte vier Vorwärtsgänge und einen Rückwärtsgang in der Abstufung 3, 5, 8 und 15 km/h. Es stammte von der Firma ZF aus Friedrichshafen. Die Vorderachse war als Schwingachse gebaut worden. Auf Wunsch konnte man Greiferräder, Ackerketten, Moorverbreiterungen und eine Differentialsperre ergänzen. Eine elektrische Anlage mit Batterie und Dynamo wurde erstmals bei Fendt serienmäßig verbaut.

Ab 1938 wurde für den F 18 gegen Aufpreis eine fahrunabhängige und lastschaltbare Zapfwelle angeboten. Fendt war der erste europäische Hersteller, der eine solche anbieten konnte. Mit einem Preis von 3.800 Reichsmark unterbot Fendt die Konkurrenz.

Nach dem Krieg wurde die Produktion des F 18 in drei verschiedenen Versionen auf Basis des Vorkriegsmodells wieder aufgenommen. Wichtigste Neuerung war jedoch, dass diesen Fahrzeugen eine Motorhaube spendiert wurde.

Dieselross F 22 V

Während die Vorkriegsschlepper dieses Typs mit Deutz-Motoren fuhren, bekamen Nachkriegsmodelle wie dieses Aggregate von MWM.

Als 1938 die Traktorbauer mit 22-PS-Modellen antreten sollten, um eine Bauerlaubnis nach dem Schell-Plan zu erhalten, bot Fendt den F 22 auf. Dessen wassergekühlter, stehender Zweizylinder-Viertakt-Dieselmotor leistete 22 PS. Seine Zugleistung übertraf die des F 18 um das Doppelte. Erstmals bekam ein Dieselross eine Motorhaube verpasst. Das Dieselross F 22 war in Blockbauweise konstruiert. Bisher hatte sich Fendt bei seinen Schleppern mit einem Rahmen beholfen.

Man hatte einen neueren Deutz-Motor eingebaut, der auch bei den eigenen Schleppern der Kölner zum Einsatz kam. Die Wasserumlaufkühlung ersetzte das alte Verdampferverfahren der bisherigen Modelle. Serienmäßig wurde eine fahrunabhängige und lastschaltbare Zapfwelle mit 540 Touren pro Minute eingebaut. Das Vierganggetriebe stammte von Prometheus. Im Straßenverkehr war bis zu Tempo 18 möglich und auf Wunsch wurde das Modell mit einem Elektro-Anlasser versehen.

Der Beu des F 22 musste 1942 kriegsbedingt eingestellt werden. Nach dem Krieg kehrte Fendt allerdings wieder zur Fertigung dieses Typs zurück. 1947 wurde der F 22 mit einem MWM-Motor versehen. Außerdem musste ein anderes Getriebe her, da die Firma Prometheus im Krieg untergegangen war. In der neuen Ausstattung hatte das Modell 24 PS. Auf Wunsch konnte ein Achtganggetriebe mit einem Schnellgang (23 km/h) verbaut werden. Zur Abgrenzung von den Vorgängern erhielt dieses Modell den Zusatz V. Die Allradversion D 22 VZ kam für die Kunden allerdings noch zu früh. ■

AUF EINEN BLICK	
Baujahr	1947
Motor Viertakt-Diesel (MWM KDW 215 Z)	
Verfahren	Wirbelkammer
Kühlung	Wasser
Zylinder	2
Hubraum	2.356 cm^3
Leistung	24 PS
Drehzahl	1.500 U/min
Höchstgeschwindigkeit	23 km/h
Antrieb	H
Gänge	4V 1R, auf Wunsch 8V 1R
Gewicht	1.555 kg
Radstand	1.650 mm

Dieselross F 15 G

Bei Alt und Jung gleich beliebt war der F 15, das erste nach dem Krieg neu konstruierte Dieselross.

AUF EINEN BLICK	
Baujahr	1951
Motor	Viertakt-Diesel (MWM KDW 215 E)
Verfahren	Wirbelkammer
Kühlung	Wasser
Zylinder	1
Hubraum	1.180 cm³
Leistung	15 PS
Drehzahl	1.600 U/min
Höchstgeschwindigkeit	24 km/h
Antrieb	H
Gänge	4V 1R
Gewicht	1.300 kg
Radstand	1.580 mm

Mit dem F 15 wurde 1949 der erste nach dem Krieg konstruierte Fendt-Traktor präsentiert. Er wurde zwei Jahre lang gebaut, um dann in einer verbesserten Version fortgeführt zu werden. Dazu gehörten eine verstärkte Vorderachse und staubdicht verkapselte Vorderradnaben. Diese Version war der F 15 G, den es in einer Variante auch als F 15 H (Hochradausführung) für den Hackfruchtbereich gab. Mit seinen 15 PS war er einer der Traktoren, die als Bauernschlepper weite Verbreitung fanden. Deshalb kann die Zahl von über 14.000 gebauten F 15 (zusammen mit den Bauarten G, H, G6 und H6) nicht überraschen.

Der Einzylinder-Motor stammte von MWM und leistete 15 PS bei 1.600 Touren. Fendt verwendete ein Vierganggetriebe, das später in einer Version F 15 G6 bzw. H6 auch ein Sechsganggetriebe sein konnte. Als Sonderausstattung waren ein elektrischer Anlasser, eine Seilwinde, ein geschlossenes Fahrerhaus mit Allwetterverdeck sowie ein Kotflügelsitz für zwei Personen erhältlich. Auch der Schnellgang mit einer Höchstgeschwindigkeit von 24 km/h war nur gegen Aufpreis zu erhalten. Ansonsten lag die Spitze bei 17 km/h. Serienmäßig hingegen war die neu gestaltete Motorhaube, die auch bei den anderen Modellen aus dem Hause Fendt Verwendung fand.

Der F 15 wurde dank des regen Kundenzuspruchs zum beliebtesten Dieselross. Als Schlepper für kleinere und mittlere Betriebe, aber auch als kostengünstige Variante für einen Zweitschlepper konnte er wichtige Aufgaben erfüllen. ■

Oben: Wendig, verbrauchsarm und vielseitig war dieses Einstiegsmodell, das Fendt 1957 auf den Markt brachte.

Oben links: Bis zu 13,5 Tonnen Bruttoanhängelast verkraftete der F 24 W ohne Probleme.

Ein Jahr nach dem luftgekühlten 24-PS-Dieselross F 24 L wurde 1955 auch eine wassergekühlte Version auf den Markt gebracht. Beide zusammen wurden über 10.000-mal verkauft. Der F 24 W war schließlich der Vorläufer des ersten Farmer.

Der zuverlässige Traktor war vor allem wegen der Vielzahl von Anbaumöglichkeiten interessant. Man konnte zwischen klassischer Dreipunktaufhängung und Vierpunkt-Kraftheber auswählen. Das Anbauen von Arbeitsgeräten konnte eine Person ohne Werkzeug vornehmen. Auch ein hydraulischer Frontheber konnte angebaut werden. Der Zweizylinder-Motor stammte von der Firma MWM. Das von Fendt selbst gebaute Getriebe war mit sechs Vorwärts- und zwei Rückwärtsgängen konfiguriert. Zum optional erhältlichen Zubehör zählten unter anderem auch ein Allwetterverdeck mit Scheibenwischer und eine Seilwinde.

Eine besondere Rarität aus dem Hause Fendt war der FL 114. Dieser Kleinschlepper mit luftgekühltem Zweitakt-Motor von Ilo sollte die letzten kleinen Höfe zur Motorisierung bringen. Für diese technisch unerfahrene Zielgruppe war es wichtig, ein möglichst wartungsarmes Fahrzeug zu erwerben. Ein hohe Bodenfreiheit, der großzügig bemessene Zwischenachsraum und sein leichtes Gewicht machten ihn zum Universaltraktor gerade für kleine Felder.

Ein Rübenhackgerät, ein Kartoffelhäufelgerät beziehungsweise ein Kartoffelhackgerät konnten in den Zwischenachsbereich eingebaut werden. Das Mähwerk war mit Schnellverschlüssen bequem anzubringen. Das Getriebe von ZF hatte sechs Vorwärts- und zwei Rückwärtsgänge. ■

AUF EINEN BLICK: F 24 W	
Baujahr	ca. 1958
Motor	Viertakt-Diesel (MWM KD 12Z)
Verfahren	Wirbelkammer
Kühlung	Wasser
Zylinder	2
Hubraum	1.700 cm³
Leistung	24 PS
Drehzahl	2.000 U/min
Höchstgeschwindigkeit	20 km/h
Antrieb	H
Gänge	6V 2R
Gewicht	1.385 kg
Radstand	1.809 mm

AUF EINEN BLICK: FL 114	
Baujahr	ca. 1958
Motor	Zweitakt-Diesel (Ilo 661)
Verfahren	k. A.
Kühlung	Luft
Zylinder	1
Hubraum	660 cm³
Leistung	12 PS
Drehzahl	2.200 U/min
Höchstgeschwindigkeit	18 km/h
Antrieb	H
Gänge	6V 2R
Gewicht	800 kg
Radstand	1.520 mm

Noch heute werden bei Fendt Schlepper mit der Bezeichnung Farmer gebaut. Abgebildet ist ihr Ahnherr, der Farmer 1.

AUF EINEN BLICK	
Baujahr	ca. 1959
Motor	Viertakt-Diesel (MWM KD 12 Z); (MWM AKD 112 Z)
Verfahren	Direkteinspritzer
Kühlung	Wasser/Luft
Zylinder	2
Hubraum	1.810 cm³
Leistung	25 PS
Drehzahl	2.200 U/min
Höchstgeschwindigkeit	20 km/h
Antrieb	H
Gänge	6V 2R
Gewicht	1.445 kg
Radstand	1.810 mm

Gegen Ende der 50er-Jahre war der erste Schlepperboom vorbei. Der Konkurrenzkampf wurde härter und so war es wichtig, den Kunden ein attraktives Angebot machen zu können. 1958 stellte Fendt seine Produktpalette neu auf und brachte sie als „ff"-Reihe auf den Markt. Fix, Farmer und Favorit waren die drei Basisgrößen. Die mittlere Leistungsklasse vertrat der Farmer: Das Modell hatte 25 PS und basierte auf den F-24-Nachfolgern FL 237 und FW 237.

Die modernen Direkteinspritzer-Motoren stammten wieder von MWM, das Gruppenschaltgetriebe wurde von Fendt selbst hergestellt. Dank seiner Motorzapfwelle, die auch als Wegzapfwelle geschaltet werden konnte, und seiner hohen Kraftreserven war es möglich, Mähdrescher und Feldhäcksler anzuhängen. Die Vorderachse war als gefederte Schwingachse konstruiert. Sowohl vorn als auch hinten konnte die Spur verstellt werden. Dreipunkt-Hydraulik und Startostop sorgten für ein bequemeres Arbeiten bei Zug- und Ladetätigkeiten. Ein Allwetterverdeck mit Blinker war gegen Aufpreis zu haben.

Der leistungsstärkere Nachfolger Farmer 2 mit einem wassergekühlten Dreizylindermotor und 34 PS wurde zum meistverkauften Fendt-Schlepper. Eine luftgekühlte Variante gab es hier jedoch nicht mehr. Nachfolger dieser Farmer sind auch heute noch im Angebot der Firma Fendt zu finden. Mit den Farmern hatte man die Ära der Dieselrösser beendet, allerdings waren sie auch entscheidend daran beteiligt, dass Fendt sich in der Schlepperstatistik immer weiter nach oben schob.

Der Favorit 3 ist der erste Schlepper der Allgäuer mit einem Vierzylinder-Motor.

Das größte Modell der neuen „ff"-Reihe war 1958 der Favorit. 1964 ersetzte ein Modell die beiden parallel laufenden Typen Favorit 1 (ab 1958) und Favorit 2 (ab 1959) mit 40 beziehungsweise 46 PS. Dieses neue Fahrzeug war der Favorit 3, der erste Fendt-Schlepper mit einem Vierzylinder-Motor. Dieses Aggregat stammte von MWM und bot bei 2.300 Umdrehungen eine Leistung von 52 PS, ab 1966 sogar 55 PS. Dieser Motor hatte ein rasantes Beschleunigungsvermögen und ein hervorragendes Drehmoment.

Alle Aufbauteile waren gummigelagert, so dass ein Mindestmaß an störenden Vibrationen erreicht wurde. Damit, und mit dem verstellbaren Gleitsitz und dem beheizbaren Sitzkissen war dem Fahrer ein hoher Komfort gesichert.

Wer wollte und den nötigen Aufpreis zu zahlen bereit war, konnte den Favorit zu einer wahren Wunderwaffe machen. Eine hydraulische Lenkung war möglich, ebenso ein Turbolader, mit dem 75 PS Leistung erreicht werden konnten. Das Halbsynchrongetriebe konnte durch einen optionalen Schnellgang Geschwindigkeiten von bis 30 km/h erzielen. Auch Allradantrieb konnte man haben. Sogar eine spezielle Sonderausrüstung für einen Tropen-Einsatz stellte Fendt bereit.

Dieser Favorit war der letzte mit der vom französischen Industriedesigner Louis Lucien Lepoix gestaltete schnittigen runden Motorhaube. Seine Nachfolger Favorit 3 S und Favorit 4 waren bereits im eckigen Design, das die Form in den nächsten Jahren bestimmte. ■

AUF EINEN BLICK	
Baujahr	ca. 1965
Motor	Viertakt-Diesel (MWM KD 210,5 V)
Verfahren	Vorkammer
Kühlung	Wasser
Zylinder	4
Hubraum	2.800 cm³
Leistung	52 PS
Drehzahl	2.300 U/min
Höchstgeschw.	20 km/h; Allrad: 29 km/h
Antrieb	H (auf Wunsch A)
Gänge	16V 4R
Gewicht	2.600 kg; Allrad: 2.795 kg
Radstand	2.260 mm; Allrad: 2.200 mm

Fiat 450

Fiat setzte nach wie vor auf Wasserkühlung, wie bei diesem 45 PS starken Dreizylinder-Modell vom Typ 450.

AUF EINEN BLICK	
Baujahr	ca. 1970
Motor	Viertakt-Diesel (Fiat 8035)
Verfahren	Direkteinspritzer
Kühlung	Wasser
Zylinder	3
Hubraum	2.339 cm³
Leistung	45 PS
Drehzahl	2.400 U/min
Höchstgeschwindigkeit	24 km/h
Antrieb	H
Gänge	9V 3R
Gewicht	1.870 kg
Radstand	1.960 mm

Fiat wird in Deutschland mehr mit Autos als mit Traktoren in Verbindung gebracht. Tatsächlich war die Produktion von Personenwagen das ursprüngliche Ziel, als sich 1899 in Turin acht Personen trafen, um das Unternehmen „Fabbrica Italiana Automobili Torino" (Fiat) zu gründen. Aber schon wenige Jahre später expandierte Fiat in andere Wirtschaftsbereiche, zu denen die Stahlindustrie, die Stromerzeugung, der öffentliche Verkehr und die Eisenbahn gehörten. Der erste Traktor wurde 1919 gebaut. Eine verbesserte Version dieses Schleppers wurde später bis nach Südamerika exportiert. Nach dem Zweiten Weltkrieg begann auch in Italien die Motorisierung der kleineren landwirtschaftlichen Betriebe. Das Turiner Unternehmen leistete seinen Beitrag dazu mit dem Fiat 18, der auch „La Piccola" („der Kleine") genannt wurde. Mit seinen 14 PS war er der italienische „Bauernschlepper" seiner Zeit.

Der Fiat 450 kam 1968 gemeinsam mit den Zweizylinder-Modellen 250, 300 und 350 sowie dem Dreizylinder-Modell 400 auf den Markt. Die Bezeichnung gab die ungefähre, mit zehn multiplizierte Motorleistung wieder. Der 450 besaß also einen 45 PS starken Motor. Bei der Kühlung setzte Fiat nach wie vor auf Wasser. Als Getriebe standen eine Version mit acht Vorwärts- und zwei Rückwärtsgängen und eine Version mit neun Vorwärts- und drei Rückwärtsgängen zur Verfügung. Auf der Straße konnte eine Höchstgeschwindigkeit von 24 km/h erzielt werden. Neben der Ausführung mit Hinterradantrieb gab es den 450 auch mit Allradantrieb. Der Fiat 450 wurde bis 1975 gebaut.

Beim 70-90 erschienen am Dach bereits der Name und das Logo von Fiatagri, der neuen Landtechniksparte von Fiat.

Fiat startete 1984 die 90er-Serie, die eine Weiterentwicklung der vorangegangenen 80er-Reihe darstellte. Dazu gehörten die Dreizylinder-Modelle 55-90 und 60-90, die Vierzylinder-Modelle 70-90 und 80-90, das Fünfzylinder-Modell 90-90 und das Sechszylinder-Modell 100-90. In Deutschland wurde die neue Baureihe auf der DLG-Ausstellung in Frankfurt vorgestellt. Das Design hatte sich gegenüber den Vorgängern kaum verändert. Bei der Motorausstattung folgten die Konstrukteure dem Trend zu mehr Leistung bei sparsamerem Verbrauch. Die Zahl vor dem Bindestrich bei der Modellbezeichnung gab die PS-Zahl wieder. Der 70-90 besaß also eine Motorleistung von 70 PS bei einer Drehzahl von 2.500 Touren.

Den 70-90 gab es wie die anderen größeren Modelle der Baureihe mit Hinterrad- und Allradantrieb. Das Getriebe bot zwölf synchronisierte Vorwärts- und vier Rückwärtsgänge. Der Fahrer saß in einer Komfort-Kabine, zu deren Standardausstattung eine Heizung und die hydrostatische Lenkung gehörten. Das Steuerrad war verstellbar.

1984 war in der Geschichte von Fiat nicht nur ein besonderes Jahr wegen dem Start der 90er-Reihe, sondern auch aufgrund der Umstrukturierung des Unternehmens. Von nun an gehörte die Landtechniksparte zu einer Holding mit der Bezeichnung Fiatagri. Dieser Name erschien auch auf den Traktoren. In der folgenden Zeit expandierte Fiatagri schnell. Nach der Verschmelzung mit den großen Landtechnikunternehmen New Holland und Case IH änderte sich der Name der Holding erneut, diesmal in Case New Holland. ■

AUF EINEN BLICK	
Baujahr	1984
Motor	Viertakt-Diesel (Fiat 8045.06)
Verfahren	Direkteinspritzer
Kühlung	Wasser
Zylinder	4
Hubraum	3.613 cm³
Leistung	70 PS
Drehzahl	2.500 U/min
Höchstgeschwindigkeit	30 km/h
Antrieb	A
Gänge	12V 4R
Gewicht	3.590 kg
Radstand	2.310 mm

Fordson Dexta

Der Fordson Dexta verdankte seinen Erfolg seinem niedrigen Preis und der hervorragenden technischen Ausstattung.

AUF EINEN BLICK	
Baujahr	ca. 1960
Motor	Viertakt-Diesel (Ford-Perkins A3.144)
Verfahren	Direkteinspritzer
Kühlung	Wasser
Zylinder	3
Hubraum	2.360 cm³
Leistung	32 PS
Drehzahl	2.000 U/min
Höchstgeschwindigkeit	29 km/h
Antrieb	H
Gänge	6V 2R
Gewicht	1.400 kg
Radstand	1.870 mm

Henry Ford war nicht nur ein bedeutender Unternehmer in der Automobilbranche, er gehörte auch zu den wichtigsten Pionieren im Traktorenbau. Er war auf einer Farm in der Nähe von Detroit, im amerikanischen Bundesstaat Michigan, aufgewachsen und wohl auch deshalb war es sein Ziel, einen Traktor herzustellen, der preislich so günstig war, dass ihn sich der US-Durchschnittsfarmer leisten konnte. Dies gelang ihm 1917 mit dem Model F. Zur Produktion der Ford-Traktoren wurde ein eigenes Unternehmen mit dem Namen „Ford & Son", oder kurz „Fordson", gegründet. Nur zehn Jahre später stieg Henry Ford aber wieder aus der Traktorenfertigung aus, da er alle vorhandenen Ressourcen in den Automobilbau stecken wollte. Deshalb wurde das Fordson-Werk 1928 ins irische Corck und später nach Dagenham in England verlagert.

Zu den bedeutenden Traktoren der Nachkriegszeit gehörte der Fordson Dexta, der ab 1958 in Dagenham hergestellt und von dort in alle Welt exportiert wurde. In den Vereinigten Staaten wurde er unter der Bezeichnung „Diesel 2000" vermarktet. Die Zielgruppe waren die kleinen Landwirte und Farmer. Angetrieben wurde er von einem wassergekühlten Dieselmotor mit 32 PS. Für den amerikanischen Markt gab es den Dexta auch in einer Ausführung mit Benzinmotor. Allerdings blieb auch jenseits des Atlantiks die Nachfrage nach der Benzinversion gering, da der Dieselmotor mittlerweile weltweit seinen unaufhaltsamen Siegeszug angetreten hatte. Es gab auch eine Schmalspur- und eine Industrieversion des Dexta.

Ford 2000

Der Ford 2000 stammt aus der Zeit, als Ford noch eine wichtige Rolle in der Landtechnik-Branche spielte.

Mit der Verlagerung der Traktorproduktion ins Ausland hatte Henry Ford der Konkurrenz das Feld überlassen. Aber sein Interesse für Traktoren war nie erloschen. 1938 traf er sich mit Harry Ferguson, dem Erfinder der Dreipunktaufhängung, und vereinbarte mit ihm per Handschlag die Zusammenarbeit bei der Traktorenproduktion. Die Fertigung wurde diesmal von der Ford Motor Company in Dearborn, Michigan, die auch die Autos herstellte, übernommen, und die Schlepper erschienen unter dem Markennamen Ford. 1947 verstarb Henry Ford, und das Abkommen mit Harry Ferguson erlosch. Trotzdem blieb Ford ein bedeutender Schlepperhersteller. Ungefähr jeder sechste weltweit verkaufte Schlepper stammte Anfang der 60er-Jahre von Ford. 1961 fand auch endlich die Vereinigung von Fordson in Dagenham und Ford in Dearborn statt.

Der Ford 2000 wurde 1968 im Zuge einer Erneuerung der Produktpalette auf den Markt gebracht. Zu der neuen Baureihe gehörten neben dem 2000 die Dreizylinder-Modelle 3000 und 4000 sowie das Vierzylinder-Modell 5000. Angetrieben wurden die Mitglieder der Baureihe von wassergekühlten Motoren. Das Getriebe bot acht Vorwärts- und zwei Rückwärtsgänge. Der Ford 2000 wurde bis 1975 hergestellt.

1985 kaufte Ford den Landmaschinenhersteller New Holland. 1991 übernahm Fiat die Traktoren- und Landmaschinenfertigung von Ford und vereinigte beide Sparten unter dem Namen New Holland. Nach einer weiteren Fusion heißt das Unternehmen heute Case New Holland. ■

AUF EINEN BLICK	
Baujahr	ca. 1970
Motor	Viertakt-Diesel (Ford)
Verfahren	Direkteinspritzer
Kühlung	Wasser
Zylinder	3
Hubraum	2.590 cm^3
Leistung	40 PS
Drehzahl	2.000 U/min
Höchstgeschwindigkeit	30 km/h
Antrieb	H
Gänge	8V 2R
Gewicht	1.910 kg
Radstand	1.900 mm

Typ 25

Traktoren von Funk sind heute nur noch sehr selten zu sehen. Hier steht ein 20-PS-Modell (links) neben dem Typ 25 (rechts), beide von 1953.

AUF EINEN BLICK	
Baujahr	1953
Motor	Viertakt-Diesel (Deutz F2M 414)
Verfahren	Vorkammer
Kühlung	Wasser
Zylinder	2
Hubraum	2.198 cm³
Leistung	25 PS
Drehzahl	1.500 U/min
Höchstgeschwindigkeit	k. A.
Antrieb	H

Die 50er-Jahre waren die Zeit des Wirtschaftswunders und der Mechanisierung der Landwirtschaft. Die Arbeit auf Hof und Feld konnte endlich durch Maschinen erleichtert werden. Die Pferde und Ochsen wurden durch Traktoren ersetzt. Es war eine Zeit des Booms, in der viele Hersteller auf den Markt drängten. Zu denjenigen, die bereits vor dem Zweiten Weltkrieg als Traktorenhersteller tätig waren, wie Fendt, Lanz oder Deutz, kamen neue, wie Alpenland, Röhr, Kögel, Sulzer oder Stihl, um nur einige der bekannteren zu nennen. Anfang der 50er-Jahre gab es in Deutschland ungefähr 50 Traktorhersteller. Manche dieser Unternehmen besaßen nur eine regionale Bedeutung. Sie kauften die Teile für ihre Schlepper, wie Motor, Getriebe und so weiter, je nach Verfügbarkeit von verschiedenen Produzenten. Es waren meist Modelle mit einer sehr kleinen Anzahl von gebauten Exemplaren, die daraus entstanden. Einer dieser Kleinsthersteller war die Firma Xaver Funk aus dem kleinen Dorf Irgertsheim, das heute zu Ingolstadt gehört. Funk fertigte in den 50er-Jahren mehrere Schlepper mit unterschiedlichen Motoren. Dazu gehörte ein 25-PS-Modell, das von dem Deutz-Motor F2M 414 angetrieben wurde. Es handelte sich um einen wassergekühlten Motor, der bereits Verwendung in den 22- und 25-PS-Schleppern von Eicher fand und der auch das Dieselross F 22 von Fendt antrieb. Ein anderer Funk-Traktor wurde mit einem ebenfalls wassergekühlten MWM-Motor ausgestattet und leistete 28 PS. Dieser Typ wurde ungefähr ab 1956 gebaut. Ein weiteres Funk-Modell, das eine gewisse Bekanntheit erlangte, war ein 20-PS-Schlepper, der Anfang der 50er-Jahre hergestellt wurde. ■

ADN

Güldner

Güldners erfolgreichstes „Haifischmaul“ war der ADN, der in den späten Fünfzigern für Furore sorgte.

Die 1904 in München gegründete Güldner Motoren Gesellschaft war 1907 nach Aschaffenburg umgezogen. Hugo Güldner war, als Chefkonstrukteur unter Rudolf Diesel in der Maschinenfabrik Augsburg, kein unbeschriebenes Blatt. Zunächst baute das Unternehmen stationäre Motoren. Der Eintritt von Güldner in die Traktorproduktion vollzog sich in den 30er-Jahren sukzessive. 1937 gelang mit einem 20-PS-Modell der Durchbruch. Während die Schlepper zunächst noch sehr viel Ähnlichkeit mit denen des Konkurrenten Deutz hatten, war nach dem Krieg die neu gestaltete Motorverkleidung mit ihrem „Haifischmaul“ legendär. Der erste neu konstruierte Schlepper nach dem Krieg war das Modell A 15 mit 15/16 PS. Mit ihm feierte Güldner die ersten großen Erfolge.

Das bestverkaufte Modell der „Haifischmäuler“ war der ADN, der 1953 auf den Markt kam und den A 15 ersetzte. 1958 wurde der ADN mit einem verbesserten Motor bestückt. Wie bei fast allen Traktoren aus dem Hause Güldner wurde auch beim ADN ein eigener Motor eingesetzt. Der wassergekühlte Zweizylindermotor 2 DN hatte 16 PS. Damit standen wahlweise das standardmäßige Fünfgang- oder ein Sechsganggetriebe zur Verfügung. Der ADN hatte einen serienmäßigen Kraftheber. Die Einspritzpumpe, bei früheren Modellen noch ein Güldner-Produkt, stammte nun von Bosch.

Ab 1954 gab Güldner auch eine luftgekühlte Version in dieser Leistungsklasse heraus, den ALD. Dieser Schlepper erreichte allerdings nicht annähernd die Verkaufszahlen des ADN. ■

AUF EINEN BLICK	
Baujahr	ca. 1958
Motor	Viertakt-Diesel (Güldner 2 DN)
Verfahren	Wirbelkammer
Kühlung	Wasser
Zylinder	2
Hubraum	1.305 cm^3
Leistung	16 PS
Drehzahl	1.800 U/min
Höchstgeschwindigkeit	19 km/h
Antrieb	H
Gänge	5V 1R
Gewicht	1.100 kg
Radstand	1.790 mm

Güldner AB

Der AB war ein wassergekühlter Universalschlepper, der auch mit Zwischenachsgeräten arbeiten konnte.

AUF EINEN BLICK	
Baujahr	1959
Motor	Viertakt-Diesel (Güldner 2 BS)
Verfahren	Wirbelkammer
Kühlung	Wasser
Zylinder	2
Hubraum	1.840 cm³
Leistung	25 PS
Drehzahl	1.800 U/min
Höchstgeschwindigkeit	20 km/h
Antrieb	H
Gänge	6V 1R
Gewicht	1.460 kg
Radstand	1.965 mm

Güldner brachte 1955 mit den Modellen ABS und ALB zwei Traktoren auf den Markt, die die Klasse mit 22 PS neu besetzen sollten. Sie lösten die beiden kurz hintereinander gebauten Modelle AF 20 und ADA ab. Der ABS war wassergekühlt, während der Motor des ALB mittels Luftkühlung auf Temperatur gehalten wurde. Bereits 1958 wurden diese beiden Schlepper wiederum abgelöst. Das luftgekühlte Modell wurde durch den ABL ersetzt, dem wassergekühlten folgte der AB.

Besonderes Kennzeichen des AB im Vergleich zu seinen Vorgängern war die schicke Tonnenhaube, die die damals sehr beliebte Wespentaille schuf. Der Vorteil war eine bessere Sicht auf eingesetzte Zwischenachsgeräte. In diesen Jahren begeisterten sich viele Landwirte für Tragschlepper, also Traktoren, bei denen zwischen Vorder- und Hinterachse ein Arbeitsgerät eingebaut werden konnte. Der besondere Vorteil war die bessere Übersicht im Einmannbetrieb.

Der neue Motor erhöhte die Leistung auf 25 PS. Wieder stand das Sechsgang-Getriebe von ZP zur Verfügung. Die Schlepper beider Kühlkonzepte verkauften sich sehr gut, wobei der AB die Nase vorn hatte und in seiner kurzen Bauzeit über 1.000-mal verkauft wurde. Schon 1959 kam mit den beiden Modellen A 2 B (Wasser) und A 2 BL (Luft) ein Facelifting heraus. Wichtigste Modifikation war das neue Getriebe mit acht Vorwärts- und vier Rückwärtsgängen. Doch in der Zwischenzeit trat auf dem „Grünen Tisch" eine Änderung ein: Die intensivierte Zusammenarbeit mit Fahr und der Beginn der „Europa"-Reihe wurden eingeläutet. ■

Der erste Burgund von Güldner litt daran, dass der hintere Zylinder oft nicht genügend Kühlung bekam. Das konnte zu unangenehmen Schäden führen.

Bei Güldner hatte man 1956 mit den beiden Kleinschleppern AX (Sprinter, 11 PS) und AK (Spessart, 13 PS) bereits gemeinsam mit Fahr Traktoren produziert. Diese Kooperation wurde ab 1959 intensiviert. Beide bauten ein gemeinsames Programm auf, das unter dem Namen „Europa"-Reihe berühmt geworden ist, obwohl diese Kooperation nur zwei Jahre dauerte. Dann zog sich Fahr zurück und wandte sich Deutz zu.

Neben dem weitergeführten Spessart wurde mit dem Tessin noch ein weiterer Zweizylinder gebaut. Dieser hatte 20 PS. Von Fahr kam der D 177, den Güldner als Toledo in sein System einordnete. Pikant war, dass der Motorenbauer Güldner kein Aggregat in dieser Leistungsklasse zur Verfügung stellen konnte. So wurde ein Unimog-Motor verwendet. Im Bereich der 25 PS kam jetzt ein Dreizylinder-Motor zum Einsatz. Dieses Modell taufte Güldner Burgund. Der luftgekühlte Motor war eigentlich anspruchslos und besaß eine große Laufruhe, hatte aber vor allem bei mangelnder Wartung das Problem, dass der hintere Zylinder nicht genügend Kühlung bekam. Das führte bei Güldner wie bei Fahr zu manchen Ärgernissen. Die Hydraulik war für Kraftheber, optionalen Frontheber und Mähwerksaushub vorgesehen. Das Getriebe war mit acht Vorwärts- und vier Rückwärtsgängen fein abgestimmt.

Die Zusammenarbeit mit Fahr brachte Einsparungen in allen Bereichen. Das war Ende der 50er-Jahre auch nötig, denn der erste Boom war vorbei. Da die „Europa"-Schlepper eine gute Qualität besaßen, konnte sich Güldner trotzdem über 3.740 Käufer des Burgund freuen. ■

AUF EINEN BLICK	
Baujahr	1959
Motor	Viertakt-Diesel (Güldner 3 LKN)
Verfahren	Wirbelkammer
Kühlung	Luft
Zylinder	3
Hubraum	1.327 cm^3
Leistung	24 PS
Drehzahl	2.600 U/min
Höchstgeschwindigkeit	18 km/h
Antrieb	H
Gänge	8V 4R
Gewicht	1.470 kg
Radstand	1.886 mm

Mit dem neuen Burgund hatte Güldner die Probleme der ersten Modellgeneration behoben. Der vielseitige Schlepper ist zum Teil noch heute im Einsatz.

AUF EINEN BLICK	
Baujahr	ca. 1962
Motor	Viertakt-Diesel (Güldner 3 LKA)
Verfahren	Wirbelkammer
Kühlung	Luft
Zylinder	3
Hubraum	1.500 cm³
Leistung	25 PS
Drehzahl	2.600 U/min
Höchstgeschwindigkeit	20 km/h
Antrieb	H
Gänge	8V 4R
Gewicht	1.580 kg
Radstand	2.000 mm

Die „Europa"-Reihe in Kooperation mit Fahr lief sehr gut an, da kam schon nach zwei Jahren der Ausstieg der Badenser. Güldner blieb nun nichts anderes übrig, als sich allein durchzuschlagen. Die rote Lackierung der Schlepper wurde auch nach dem Ausstieg von Fahr beibehalten. Die früheren Modelle waren ja in einem Grünton gehalten gewesen.

1962 wurden die Modelle mit verbesserten Motoren neu aufgelegt. Der Hubraum des neuen Burgund wurde von 1.327 auf 1.500 Kubik vergrößert. In dieser Version konnten die Mängel des Vorgängers beseitigt werden. Die Fertigung fand nun vollständig in Aschaffenburg statt. Den Burgund gab es wieder in zwei Versionen: der normalen (A 3 KA; Burgund) und einer Tragschlepper-Variante (A 3 KTA; Burgund T). Letztere zeichnete sich durch einen größeren Radstand und somit einer besseren Nutzfläche im Zwischenachsbereich aus. Das Achtgang-Getriebe war beibehalten worden.

Man hatte bei Güldner erfahren müssen, dass man sich nicht auf Kooperationen verlassen konnte, wenn es darum ging, den Einstieg in das Geschäft mit den schweren Schleppern zu finden. Deshalb hatten die Ingenieure Entwicklungsarbeit geleistet und gleichzeitig mit den neuen „Europa"-Modellen einen neuen, größeren Bruder vorgestellt: Den 48 PS starken Gotland. Dieser hatte den neu entwickelten Motor L 79 in der Vierzylinderversion bekommen. Die Dreizylindervariante bekam der Toledo, womit die Zeit des Unimog-Motors bei diesem Modell beendet war. Alle Motoren bis auf die wassergekühlte Variante des Tessin waren jetzt luftgekühlt.

Ein Trumpf des G 30 war der neu entwickelte Motor, den Güldner im Baukastenprinzip in seine Schlepper einbaute.

Der Motor L 79, der quadratisch geformt war (Seitenlänge: 100 mm), hatte sich bei den großen Modellen hervorragend bewährt. Im Lauf des Jahres 1963 wurde auch der Burgund T mit der Zweizylinder-Version dieses im Baukastenprinzip funktionierenden Motors versehen. Jetzt musste man sich aber an eine neue Namensgebung bei Güldner gewöhnen, die allerdings nun bis zur Aufgabe der Schlepperproduktion beibehalten wurde. Dem Großbuchstaben G gesellte sich die gerundete PS-Zahl hinzu. In diesem System stellte der G 30 mit seinem Dreizylinder-Motor 3 L 79 den Vertreter der Leistungsklasse mit 32 PS dar. Diesen Wert erreichte er bei einer Drehzahl von 1.800. 1967 wurde der G 35 mit dem gleichen Motor, aber höherer Drehzahl und damit einer Leistung von 35 PS vorgestellt.

Das Getriebe des G 30 war das bewährte Achtgang, mit dem die Käufer schon bei Vorgängermodellen zufrieden waren. Geschwindigkeiten zwischen Kriechgang und 27 km/h waren möglich. Die Bequemlichkeit, der robuste Aufbau und die gute Austauschbarkeit von Ersatzteilen unter den Modellen machten die Schlepper zu hervorragenden Fahrzeugen, die sich lange bewährten.

Bei dieser neuen Traktorengeneration gehörte der G 30 bereits zu den kleineren Modellen. Die Krönung dieser Schleppergeneration der höchsten Qualitätsstufe stellten die Modelle G 75 mit 75 PS dar, die den Motor in einer Sechszylinder-Version besaßen. Alle Schlepper ab dem G 40 gab es auch in einer Allradversion. Es ist sehr bedauerlich, dass 1969 das plötzliche Aus für die Güldner-Schlepper kam. ■

AUF EINEN BLICK	
Baujahr	ca. 1963
Motor	Viertakt-Diesel (Güldner 3 L 79)
Verfahren	Wirbelkammer
Kühlung	Luft
Zylinder	3
Hubraum	2.356 cm³
Leistung	32 PS
Drehzahl	1.800 U/min
Höchstgeschwindigkeit	27 km/h
Antrieb	H
Gänge	8V 4R
Gewicht	1.855 kg
Radstand	1.954 mm

Hanomag hat mit dem R 40 einen schweren Schlepper geschaffen, der besonders bei Spediteuren und Schaustellern beliebt war.

AUF EINEN BLICK	
Baujahr	1941
Motor	Viertakt-Diesel (D 52)
Verfahren	Vorkammer
Kühlung	Wasser
Zylinder	4
Hubraum	5.195 cm³
Leistung	40 PS
Drehzahl	1.200 U/min
Höchstgeschwindigkeit	18,7 km/h
Antrieb	H
Gänge	5V 1R
Gewicht	3.360 kg
Radstand	2.080 mm

Hanomag hatte eine lange Tradition als Hersteller von Lokomotiven. Mit der Motorisierung abseits der Schiene wandte man sich auch Lastkraftwagen, Pkw und Traktoren zu. Es begann bei den landwirtschaftlichen Nutzfahrzeugen mit den WD-Motorpflügen von Wendeler und Dohrn, die Hanomag fertigte und vertrieb. Nach dem Ersten Weltkrieg experimentierte man viel mit Kettenschleppern. Doch das Vorbild von Fordson, Lanz und anderen, die auf bereifte Fahrzeuge setzten, veranlasste das Unternehmen, hier ebenfalls tätig zu werden.

Hanomag hatte sich schon früh einen Namen bei PS-starken Schleppern gemacht, die besonders im Osten Deutschlands bei den Großbetrieben, aber auch im Transportgewerbe sehr gern gesehen waren. Das herausragende Modell der frühen Kriegsjahre und nach dem erzwungenen Stillstand in der Nachkriegszeit war der R 40 mit 40 PS. Dieses beeindruckende Fahrzeug gab es in verschiedenen Bauvarianten, die auf spezielle Einsatzzwecke hin konzipiert waren. Vor allem für die Nutzung als Zugfahrzeug war eine feste Fahrerkabine sinnvoll. Die Bereifung wurde ebenfalls abgestimmt. Motorisiert war der R 40 mit dem ersten Dieselmotor von Hanomag, dem schweren, aber zuverlässigen D 52. Er kam bei verschiedenen Vorläufern bereits seit 1931 zum Einsatz und konnte auf verschiedene Drehzahlen eingestellt werden, wobei er zwischen 36 und 50 PS leistete. Das Fünfgang-Getriebe stammte von der Firma FAMO, der ehemaligen Linke-Hofmann, aus Breslau. Nach dem Krieg wurde dieser Schlepper bereits ab 1945 und bis 1951 weitergebaut.

WD 28 (R 28/32) / R 22

Oben: Der R 22 reiht sich in die große Tradition deutscher 22-PS-Schlepper ein.

Oben links: Echte Eisenräder findet man an Traktoren heute fast nur noch im Museum, hier beim WD 28 in Stuttgart.

Den Nachfolger des ersten, ab 1924 produzierten WD Schleppers R 26 mit 26 PS stellte Hanomag 1925vor: den WD 28. Er war wie der Fordson-Schlepper von seinem Schöpfer Josef Vollmer in Blockbauweise konstruiert und hatte einen Viertakt-Benzol-Motor. Diesel kam in diesen Jahren erst langsam in Betracht, da es bis dahin noch nicht gelungen war, einen geeigneten Motor zu bauen. Besonderes Kennzeichen dieses Fahrzeugs war, wie auch noch lange Zeit später, der bei Hanomag übliche Fasstank unmittelbar vor dem Lenkrad, den schon die Motorpflüge hatten. Der langsam laufende Vierzylinder-Motor mit einem Hubraum von 4.250 Kubik leistete 27 PS. Der Schlepper hatte drei Vorwärtsgänge und einen Rückwärtsgang. Ab 1929 gab es dieses Modell auch mit Ackerluftreifen. 1935 rollte der letzte WD 28 aus der Fertigungshalle.

Ab 1951 konnte Hanomag ein neues Programm präsentieren, mit dem die Leistungsbereiche zwischen 16 und 45 PS abgedeckt wurden. Der R 22 in Halbrahmenbauweise hatte den neuen Motor D 21 S, einen wassergekühlten Dreizylindermotor mit 22 PS bekommen. Damit wurde bei Hanomag erstmals ein Dreizylindermotor eingesetzt. Vor allem für den Export gab es ihn auch in einer Hackfruchtversion (R 22 RC) als Dreiradversion mit Zwillingsvorderreifen. RC steht für „Row Crop" (Reihenkultur). Diese ließ sich allerdings nicht besonders absetzen und wurde 1953 eingestellt. Die Standardversion lief bis 1957. Man konnte das standardmäßige Fünfgang-Getriebe wählen oder das alternativ angebotene mit acht Vorwärts- und zwei Rückwärtsgängen. ■

AUF EINEN BLICK: WD 28	
Baujahr	1927
Motor	Viertakt-Benzol
Verfahren	Rohölmotor
Kühlung	Wasser
Zylinder	4
Hubraum	4.250 cm³
Leistung	27 PS
Drehzahl	1.100 U/min
Höchstgeschwindigkeit	8 km/h
Antrieb	H
Gänge	3V 1R
Gewicht	1.950 kg
Radstand	1.660 mm

AUF EINEN BLICK: R 22	
Baujahr	ca. 1951
Motor	Viertakt-Diesel (D 21 S)
Verfahren	Vorkammer
Kühlung	Wasser
Zylinder	3
Hubraum	2.099 cm³
Leistung	22 PS
Drehzahl	1.500 U/min
Höchstgeschwindigkeit	18,3 km/h
Antrieb	H
Gänge	5V 1R oder 8V 2R
Gewicht	1.520 kg
Radstand	1.700 mm

Der R 16 war einer der großen Verkaufserfolge Hanomags.

AUF EINEN BLICK	
Baujahr	1957
Motor	Viertakt-Diesel (D 14 S)
Verfahren	Vorkammer
Kühlung	Wasser
Zylinder	2
Hubraum	1.399 cm³
Leistung	16 PS
Drehzahl	1.600 U/min
Höchstgeschwindigkeit	20 km/h
Antrieb	H
Gänge	5V 1R
Gewicht	1.230 kg
Radstand	1.600 mm

Mit über 14.000 verkauften Exemplaren gehörte der R 16 zu den großen Erfolgen der Firma Hanomag. Der R 16 war als Einziger dieser Schleppergeneration aus Hannover in Blockbauweise gefertigt. Mit dem neuen Vorkammer-Viertakt-Diesel D 14 S bekam er den ersten Zweizylindermotor, den Hanomag in einen Traktor einbaute. Die Zahl 14 stand für den Hubraum, denn der betrug 1.399 Kubik. Ein Zylinder hatte einen Hubraum von fast 700 Kubik. Dementsprechend hießen der Dreizylinder D 21 und der Vierzylinder D 28. Dieser Motor, der im Baukastensystem erweiterbar war, zeichnete sich durch besonders hohe Qualität aus. Er kam auch im Lkw-Bau zum Einsatz und fand noch 1966 im Granit 500 Verwendung. Bei einer Drehzahl von 1.600 Touren erreichte er 16 PS. Durch Drehzahlerhöhung war 1953 der 19 PS starke R 19 entstanden. Bis zum Erscheinen des R 12 (1953), von dem beim Modell C 112 noch zu sprechen sein wird, war der R 16 das kleinste Modell bei Hanomag. Das Fünfgang-Getriebe musste nach dem Ausfall von FAMO selbst hergestellt werden. Es erlaubte Geschwindigkeiten zwischen 3,75 und 20 km/h. Die optionale Kriechgang-Untersetzung machte eine Fortbewegung mit 420 bis 1.500 Metern pro Stunde möglich. Zapfwelle und Riemenscheibe waren serienmäßig, auf Wunsch konnte man sich einen hydraulischen Kraftheber, einen Mähwerkantrieb, Gitterräder oder ein Fahrerdach mit Windschutzscheibe zulegen. Den R 16 gab es in einer Standard- (R 16 B) und in einer Hochradversion (R 16 A). Beeindruckend war die Vielzahl von Anbaugeräten, die Hanomag mitliefern konnte. Das System wurde als „Combitrac“ vermarktet.

Mehr Leistung dank Roots-Gebläse brachte der R 35/45.

Um die Lücke zwischen dem schweren R 45 mit 45 PS und dem R 28 mit 28 PS zu schließen, erweiterte Hanomag 1953 die Modellpalette um den R 35, den es wieder in verschiedenen Bauarten gab. Er hatte den neuen Motor in einer Vierzylinder-Ausführung. In dieser Zeit war Hanomag sogar kurzzeitig Marktführer in Deutschland. Ein Jahr später wurde eine Bauvariante in den Katalog aufgenommen, die dem R 35 weitgehend entsprach, allerdings eine Modifikation besaß, die die Motorleistung ohne eine Erhöhung der Drehzahl bis auf 45 PS erhöhen konnte. Erstmals setzte Hanomag ein Roots-Gebläse ein. Nur 640 Exemplare wurden von diesem ersten Modell verkauft.

Die Leistungssteigerung gelang durch eine Erhöhung der eingespritzten Kraftstoffmenge. Die gleichzeitig erforderliche höhere Luftmenge presste ein Roots-Gebläse in die Vorkammer. Mit dieser Technik war es wie gesagt möglich, die Leistung des Fahrzeugs auf 45 PS zu erhöhen. Damit konnten auch schwere Mähdrescher gezogen werden.

Zusammen mit den Nachfolgemodellen waren bis 1962 derart aufgeladene Schlepper zu haben. Auch diese beiden Modelle wurden etwa 1.000-mal verkauft. Der Vorteil lag vor allem darin, dass der 45-PS-Schlepper von Hanomag zu jener Zeit, der R 45, um die Hälfte schwerer war als der R 35/45 und deshalb natürlich weniger wendig. Der Motor führte den Namen D 28 LA-R 35/45. Hanomag hängte jetzt immer dem Standardnamen des Aggregats den des Modells an, für das es bestimmt war. Immer wieder findet man auch rote Hanomag-Schlepper aller möglichen Typen. Das war die ursprüngliche Exportlackierung, während die heimischen Modelle grün-blau waren. ■

AUF EINEN BLICK	
Baujahr	1957
Motor	Viertakt-Diesel (D 28 LA-R 35/45)
Verfahren	Vorkammer
Kühlung	Wasser
Zylinder	4
Hubraum	2.799 cm³
Leistung	35/45 PS
Drehzahl	1.900 U/min
Höchstgeschwindigkeit	18 km/h
Antrieb	H
Gänge	10V 2R
Gewicht	2.020 kg
Radstand	1.850 mm

Ein interessantes Detail dieses Schleppers ist seine rechts am Motor vorbeigeführte Lenkstange.

AUF EINEN BLICK	
Baujahr	1958
Motor	Zweitakt-Diesel (D 611 S)
Verfahren	Roots-Gebläse
Kühlung	Wasser
Zylinder	1
Hubraum	511 cm^3
Leistung	12 PS
Drehzahl	2.200 U/min
Höchstgeschwindigkeit	19 km/h
Antrieb	H
Gänge	6V 2R
Gewicht	840 kg
Radstand	1.800 mm

Hanomag hatte sich einen guten Ruf erarbeitet. Dann geschah etwas Unvorhergesehenes. Mit einem Kleintraktor wollten die Hannoveraner, dem Vorbild vieler anderer Anbieter folgend, bei der Motorisierung der letzten Kleinbetriebe nicht leer ausgehen. Wie Hatz oder Ilo versuchte man es mit einem kleinen, billigen und sparsamen Zweitakt-Motor. Das Ergebnis war der Bauernschlepper R 12 von 1953. 1957 erhielt die damalige Version der neuen Nomenklatur folgend den Namen C 112. Mit dem Buchstaben war die Zahl der Takte (C=2, R=4) angegeben, die erste Ziffer bedeutete die Zylinderanzahl und die anderen beiden die Leistung.

Der R 12 / C 112 war als vielseitiger Tragschlepper mit ausgeprägter Wespentaille konstruiert. Ein Sechsgang-Getriebe und die Dreipunktaufhängung gehörten zum Basismodell. Dank einem Roots-Gebläse erreichte der Schlepper sehr hohe Leistungswerte bei einem Hubraum von nur 511 Kubik. Leider krankten die Zweitakt-Modelle – es gab noch einen langsamer drehenden Zweizylinder R 18 (C 218) und einen schneller laufenden R 24 (C 224). Bei ihnen allen gab es das Problem, dass die Motoren sehr laut waren und außerdem gaben die Traktoren sehr viel Schmutz ab, der auch dem Fahrer zusetzte. Obwohl es dadurch sehr viel Ärger gab, verkaufte Hanomag die 12-PS-Maschinen äußerst gut, den C 112 etwa 26.000-mal, die R-12-Versionen ungefähr ebenso häufig. Das lag vor allem am günstigen Preis. Allerdings litt der Ruf des Unternehmens nachhaltig. Viele schreiben diesen Problemen letztlich den Untergang Hanomags als Schlepperbauer zu. ■

Leistungsfähige Zugmaschinen wie der R 460 waren bei Hanomag immer ein wichtiger Baustein im Schlepperprogramm.

Mit dem R 460 war ab 1960 ein Modell gebaut worden, das der überarbeitete älteste Dieselmotor von Hanomag antrieb. Dieser hervorragend bewährte Motor D 52 war 1951 aufgebohrt worden und wurde nun als D 57 bezeichnet. Die Nachfolger der großartigen R 40, die mit diesem Motor bestückt waren, sind immer sehr gut bei den Käufern angekommen und wurden namentlich bei den Spediteuren und anderen Betrieben, die hohe Zugleistungen benötigten, zum Favoriten.

Mit der Umbenennung von 1957 war aus dem R 55 ein R 455 geworden, da er einen Vierzylinder-Viertakt-Motor besaß, der 55 PS abgab. 1960 wurde die Drehzahl erhöht und das nun 60 PS starke Fahrzeug taufte man folgerichtig R 460. Mit dieser Leistung war der R 460 der bis dahin stärkste Traktor, den es bei Hanomag je zu kaufen gab. Erst mit der Vorstellung des Robust 800 im Jahr 1964 sollte sich das dann ändern. Das Getriebe war ebenfalls verbessert worden und bot nun zehn Vorwärtsgänge an. Es gab noch die Bauvarianten R 460 S mit einem schnelleren Gang und den ATK, der als Straßenzugmaschine konfiguriert war. Dieses Modell erreichte sogar eine Geschwindigkeit von 32 km/h. Es war besonders bei Schaustellern sehr beliebt.

Mit dem R 460 endete die Erfolgsgeschichte dieses hochklassigen Motors. Mit der neuen Baugeneration wurden ab 1962 auch neue Motoren eingeführt. In der Zeit zwischen Vorstellung der ersten Modelle der Beinamen-Reihe 1962 bis zur Einführung des 75-PS-Modells 1964 füllte der R 460 die Lücke im oberen Leistungssegment aus. ■

AUF EINEN BLICK	
Baujahr	ca. 1960
Motor	Viertakt-Diesel (D 57 R 460)
Verfahren	Vorkammer
Kühlung	Wasser
Zylinder	4
Hubraum	5.702 cm³
Leistung	60 PS
Drehzahl	1.300 U/min
Höchstgeschwindigkeit	32 km/h
Antrieb	H
Gänge	10V 1R
Gewicht	3.430 kg
Radstand	2.325 mm

Als Tragschlepper und mit der Pilot-Regelhydraulik konnte der Perfekt 300 vorn mit dem Frontheber, im Zwischenachsbereich und hinten an der Dreipunktaufhängung Geräte anbauen.

AUF EINEN BLICK	
Baujahr	ca. 1962
Motor	Viertakt-Diesel (D 14-CR)
Verfahren	Wirbelkammer
Kühlung	Wasser
Zylinder	2
Hubraum	1.399 cm^3
Leistung	25 PS
Drehzahl	2.400 U/min
Höchstgeschwindigkeit	20 km/h
Antrieb	H
Gänge	6V 2R
Gewicht	1.790 kg
Radstand	2.035 mm

Eine beinahe revolutionäre Entwicklung gab es 1960 bei Hanomag. Das Erscheinungsbild wurde vereinheitlicht und aufgepeppt. Das begann schon beim Firmenlogo. Seit 1958 gehörte Hanomag zur Rheinstahl. Erst jetzt aber wurde die symbolische Brücke des Konzerns über das alte Hanomag-Logo gesetzt. Das kleinste der neuen Modelle war der C 115 Greif, der als einziger Zweitakter überlebt hatte. Die Viertakter, die noch die Generation der 1951er-Motoren besaßen, hießen: Brillant als 42-PS-Modell, Robust als Nachfolger des R 35/45 mit Roots-Gebläse und 42/50 PS, sowie Granit mit 32 PS.

Schon 1962 wurden die Modelle technisch aufgewertet und erhielten zu ihrer Namensbezeichnung eine dreistellige Ziffer. Der Perfekt bekam die 300. Er hatte einen Zweizylinder-Motor, der bei einer Drehzahl von 2.400 Touren 25 PS leistete. Bei Hanomag hatte man dem Trend zur Luftkühlung nie nachgegeben. Selbst die Zweitakter waren wassergekühlt. So hatte auch der Perfekt ein wartungsfreies Flüssigkeitskühlsystem. Die verstellbare Vorderachse war als Pendelachse konstruiert und bis zu 30 Grad beweglich. Der Radeinschlag betrug 50 Prozent.

Da die Produktion des Greif 1962 ausgelaufen war, erlangte der Perfekt den Titel „Kleinstes Modell von Hanomag". Er war im Gegensatz zu den größeren Modellen in Blockbauweise konstruiert. Ab 1963 gab es zusätzlich einen Typ Perfekt 400, der über einen Vierzylinder-Motor mit 32 PS verfügte, im Angebot. ■

Brillant 701 S / Robust 901 S

Vereint auf einem Bild sind diese beiden späten Vertreter des Schlepperbaus von Hanomag. Sie waren die beiden größten Modelle, die dieser Hersteller je gebaut hat.

Das Ende der 60er-Jahre stand bei Hanomag ganz im Zeichen der bulligen, eckigen Kraftpakete, die von Louis Lepoix gestaltet worden waren. Mit dieser letzten Schleppergeneration aus Hannover holte man den Vorsprung, den sich die Konkurrenz inzwischen erarbeitet hatte, wieder überzeugend auf. Ein Leichtschaltgetriebe wurde entwickelt. Die schwereren Modelle bekamen einen optionalen Allradantrieb. Das zweitgrößte Modell war der Brillant 701, den es auch in einer Version mit Schnellganggetriebe gab, der hier vorgestellte Brillant 701 S. In der Allrad-Version hatte er die erste Planeten-Lenkachse dieses Herstellers. Sein Sechszylinder-Motor leistete stolze 75 PS und damit ebenso viel wie der Robust 800 von 1964.

Der – außer ein paar Prototypen des Robust 1200 – stärkste jemals gebaute Hanomag-Schlepper und gleichzeitig auch der Schlussstrich unter eine legendäre Traktorenproduktion in Hannover-Linden war der Robust 901 S. Er erbrachte bei einer recht hohen Drehzahl von 2.600 Touren und einem Hubraum von 4.710 Kubik die Leistung von 92 PS. Der erste Robust von 1960 hatte gerade mal 50 PS mit Roots-Gebläse. Der Schlepper verfügte, wie auch der Brillant 701, über acht Vorwärts- und drei Rückwärtsgänge. Der optionale Allradantrieb war sehr begehrt. Insgesamt verkaufte Hanomag etwa 3.200 Stück.

Letztlich reichten auch diese starken Leistungen aber nicht aus, um das Ende von Hanomag als Schlepperproduzent abzuwenden. 1971 gaben die Firmeneigner auf. Diese letzten Hanomag-Schlepper sind bei Traktortreffen die am häufigsten zu sehenden Modelle aller Marken in der eckigen Bauweise. ■

AUF EINEN BLICK: BRILLANT 701 S	
Baujahr	1969
Motor	Viertakt-Diesel (D 161 R)
Verfahren	Wirbelkammer
Kühlung	Wasser
Zylinder	6
Hubraum	4.250 cm³
Leistung	75 PS
Drehzahl	2.600 U/min
Höchstgeschwindigkeit	27 km/h
Antrieb	H
Gänge	12V 3R
Gewicht	3.200 kg
Radstand	2.510 mm

AUF EINEN BLICK: ROBUST 901 S	
Baujahr	ca. 1969
Motor	Viertakt-Diesel (D 162 R)
Verfahren	Wirbelkammer
Kühlung	Wasser
Zylinder	6
Hubraum	4.710 cm³
Leistung	92 PS
Drehzahl	2.600 U/min
Höchstgeschwindigkeit	27 km/h
Antrieb	H
Gänge	12V 3R
Gewicht	3.225 kg
Radstand	2.510 mm

TL 10

Der große Star der Schlepper aus dem Hause Hatz war der „Agricolo" (TL 10).

AUF EINEN BLICK	
Baujahr	ca. 1954
Motor	Viertakt-Diesel (E 85 EB)
Verfahren	Wirbelkammer
Kühlung	Luft
Zylinder	1
Hubraum	567 cm³
Leistung	10 PS
Drehzahl	2.500 U/min
Höchstgeschwindigkeit	k. A.
Antrieb	H
Gänge	4V 1R
Gewicht	725 kg
Radstand	1.580 mm

Die Firma Hatz ist eher bekannt als Hersteller von Kleinmotoren. In der Tat sind sie in diesem Segment unter den bedeutenden Firmen der Welt. Doch auch das Unternehmen aus Ruhstorf an der Rott südlich von Passau hatte sich dem Traktorbau zugewandt. Vor dem Krieg ist man damit nicht sehr weit gekommen. Erst 1953 – gerade zur Zeit des größten Schlepperbooms – war das Unternehmen wieder soweit, eigene Traktoren anbieten zu können. Dabei wurde ein selbst gebauter Zweitakt-Motor verwendet. Doch die große Zeit begann, als ein neuer, luftgekühlter Viertakt-Diesel fertig wurde, der ab 1954 in die neuen Traktoren eingebaut wurde.

Der wichtigste dieser Schlepper war der TL 10 mit dem Beinamen „Agricolo", der über 1.500-mal verkauft werden konnte. Das ist bei einer Gesamtzahl von 7.201 produzierten Schleppern sehr viel. Dieses Modell hatte einen Hubraum von nur 567 Kubik und leistete bei 2.500 Touren 10 PS. Das Viergang-Getriebe stammte von Hurth. Dieses Getriebe war sehr leicht zu schalten und trug damit der Tatsache Rechnung, dass Kleinschlepper in jenen Jahren sehr oft als Zweitfahrzeug gekauft und von der Bäuerin oder dem ältesten Sohn gefahren wurden, während der größere Schlepper für den Familienvorstand reserviert war. Der „Agricolo" war selbst in der Traktorszene von 1954 ein Floh. Gerade einmal 725 kg wog er. In den folgenden zwei Jahren wurden in dieser Modellfamilie noch Typen mit 12, 15, 18 und 22 PS herausgebracht.

Der TL 24 war ein stärkerer Schlepper, doch in dem Segment der größeren Traktoren wurde Hatz nicht heimisch.

Noch gegen Ende der 50er-Jahre hatten viele Kunden zum Einstieg ein kleines Modell gewählt, um Geld zu sparen. Später bedauerten sie, sich kein größeres gekauft zu haben. Langsam setzte aber auch der Gebrauchtfahrzeugmarkt ein. Jetzt konnten sie für das gleiche Geld einen größeren, wenn auch gebrauchten, Schlepper kaufen.

Hatz machte ebenfalls diese Feststellungen und bemühte sich um größere Modelle. 1957 begann es mit einem Dreizylinder-Schlepper mit 33 PS. 1959/60 kamen andere Modelle hinzu, die das Leistungsspektrum bis 38 PS nach oben abrundeten.

In der Mitte dieser Universalschlepper war der TL 24 angesiedelt, dessen Zweizylinder-Viertakt-Motor 24 PS leistete. Die Luftkühlung erfolgte mithilfe eines Axialgebläses, wie es auch Eicher verwendete. Von diesem Typ wurden um 1960 nur rund 100 Stück gebaut, das Fahrzeug ist somit eine Rarität ersten Ranges. Bemerkenswert ist die schön geformte Motorhaube, die in Resedagrün lackiert war.

Ab Mitte der 60er-Jahre stellte Hatz seine Traktorenproduktion endgültig ein, denn in diesem immer schwierigeren Markt sah man letztlich keine Gewinn versprechende Zukunft mehr. ■

AUF EINEN BLICK	
Baujahr	1959
Motor	Viertakt-Diesel (Z 105 R)
Verfahren	Wirbelkammer
Kühlung	Luft
Zylinder	2
Hubraum	1.992 cm³
Leistung	24 PS
Drehzahl	1.800 U/min
Höchstgeschwindigkeit	k. A.
Antrieb	H
Gänge	5V 1R
Gewicht	1.520 kg
Radstand	1.840 mm

D 14

Die Motorhaube der Hela-Schlepper dieser Jahre ist der Schweizer Traktoren von Hürlimann sehr ähnlich.

AUF EINEN BLICK	
Baujahr	1952
Motor	Viertakt-Diesel (MWM KDW 415 E)
Verfahren	Wirbelkammer
Kühlung	Wasser
Zylinder	1
Hubraum	1.178 cm^3
Leistung	15 PS
Drehzahl	1.600 U/min
Höchstgeschwindigkeit	20 km/h
Antrieb	H
Gänge	5V 1R oder 4V 1R
Gewicht	1.220 kg
Radstand	1.620 mm

Der erste Traktor des im Dreikaiserjahr 1888 gegründeten oberschwäbischen Unternehmens Hermann Lanz Aulendorf wurde 1929 vom Sohn des Firmengründers gebaut. Fast gleichzeitig mit anderen Anbietern wie Kramer und Fendt bot er einen Motormäher an, der in der Viehwirtschaft des Allgäus und im Voralpenland gut gebraucht werden konnte. Dieses Fahrzeug hieß „Samson". Es gab ihn in verschiedenen Bauvarianten mit Zweitakt-Vergaser-Motor von Ilo oder mit Dieselmotoren von Deutz und Güldner. Ab 1938 baute die Firma auch einen klassischen Bauernschlepper und ein 22-PS-Modell.

Nach dem D 47 mit 22 PS, der nach dem Krieg den Schlepperbau wieder eröffnete, wurde 1949 der D 14 Bauernschlepper herausgebracht. Er war der kleinste einer Reihe von Traktoren bis 40 PS, die in diesem Jahr vorgestellt wurden. In sehr hoher Frequenz wurden diese Schlepper verbessert und aktualisiert. Der D 14 wurde dank einer stärkeren Leistung durch Drehzahlerhöhung 1953 zum D 15.

Der D 14 der Phase vor 1952 hatte einen einzylindrigen Wirbelkammer-Motor von MWM. Das Fünfgang-Getriebe stammte aus eigener Produktion. Interessant war das Zubehör, das es ohne Aufpreis gab: Lenkbremsen, Differenzialsperre, Mähwerk, Riemenscheibe, Zapfwelle und Lichtanlage waren im Lieferumfang enthalten.

Um nicht mit der Mannheimer Lanz-Firma verwechselt zu werden, trat das Unternehmen ab 1951 auch unter dem Namen Hela auf, der Abkürzung des Firmennamens Hermann Lanz.

Den D 117 gab es in drei verschiedenen Motorisierungen, als Ein- oder Zweizylinder.

Das Ende des Schlepperbooms brachte in den Jahren um 1958/60 viele Hersteller dazu, das eigene Programm zu überdenken und sich am Markt neu und frischer vorzustellen. Auch in Aulendorf war klar, dass man große Anstrengungen unternehmen musste, um bei der schärfer gewordenen Konkurrenzsituation bestehen zu können. Dabei ging man zwei Wege: Man suchte den Kontakt zu anderen Schlepperbauern der Region und arbeitete punktuell mit ihnen zusammen, etwa mit Wahl und auch Bautz, dessen Firmensitz ganz in der Nähe lag. Das andere Mittel war die Entwicklung einer neuen Traktorenlinie, die sich von den Vorgängermodellen absetzte und leistungsmäßig den Anforderungen der Zeit voll entsprach.

Ergebnis war die neue D-Reihe mit drei Ziffern, die ab 1958 angeboten wurde. Den D 117, das 18-PS-Modell dieser Reihe, gab es sogar mit drei verschiedenen Motorvarianten. Helas eigener, wassergekühlter Einzylindermotor AE 1 mit 15 PS wurde eingebaut, dazu auch der KD 211 Z von MWM, der ebenfalls wassergekühlt war, aber mit zwei Zylindern die Leistung von 18 PS bot. Eine dritte Variante war mit dem AKD 311 Z ein luftgekühlter Zweizylinder-Motor von MWM. Das abgebildete Modell besitzt den KD 211 Z.

Eine interessante Einrichtung dieser Schleppergeneration war die Helamatic, eine Vorrichtung, mit der man das Fahrzeug auch vom Boden aus bedienen konnte. Das war besonders bei Tätigkeiten wie dem Heuaufladen nützlich und ersparte bei vielen Arbeitsvorgängen das mühsame Auf- und Absteigen. Ähnliche Vorrichtungen waren bald auch bei anderen Anbietern zu haben. ■

AUF EINEN BLICK	
Baujahr	1958
Motor	Viertakt-Diesel (MWM KD 211 Z oder MWM AKD 311 Z oder Hela AE 1)
Verfahren	Wirbelkammer
Kühlung	Wasser oder Luft
Zylinder	2 (1 mit Hela-Motor)
Hubraum	1.398 cm³
Leistung	18 PS; Einzylinder 15 PS
Drehzahl	1.980 U/min
Höchstgeschwindigkeit	20 km/h
Antrieb	H
Gänge	6V 1R
Gewicht	1.375 kg
Radstand	1.7540 mm

Der umgeklappte Überrollbügel zeigt: Auch im Weinbau ließ sich der D 534 sehr gut einsetzen.

AUF EINEN BLICK	
Baujahr	ca. 1968
Motor	Viertakt-Diesel (MWM KD1105D)
Verfahren	Direkteinspritzer
Kühlung	Wasser
Zylinder	3
Hubraum	2.233 cm³
Leistung	35 PS
Drehzahl	2.100 U/min
Höchstgeschwindigkeit	25 km/h
Antrieb	H
Gänge	10V 2R
Gewicht	1.900 kg
Radstand	2.000 mm

Um möglichst allen Kundenwünschen gerecht zu werden, wurde ein breites Typenspektrum aufgebaut, das allerdings nicht nur zufriedenere Käufer generierte, sondern auch Kosten verursachte. Die Bestückung der Traktoren mit eigenen Motoren wurde mit dem Auslaufen der 1966 vorgestellten 40, 45 und 48 PS schweren Modelle 1975 ausgesetzt. Von MWM hatte man ab Mitte der 60er-Jahre neue leistungsfähige Motoren bezogen, die nun hauptsächlich eingebaut wurden.

Der D 534 wurde ab 1967 angeboten. Er hatte einen wassergekühlten MWM-Motor. Ab 1969 bekam das Modell den MWM-Motor D 208-3 und wurde in dieser Zusammensetzung bis 1975 gebaut.

Der D 534 bestich durch seine Eleganz und Vielseitigkeit. Der Dreizylindermotor war wassergekühlt. Bei einer Drehzahl von 2.100 Touren leistete er 35 PS. Damit war er für alle Arbeiten eines mittelgroßen Betriebs gerüstet. Das Getriebe hatte zehn Vorwärts- und zwei Rückwärtsgänge. Das unterschied ihn vom D 434, der bei gleicher Motorisierung ein schwächeres Sechsgang-Getriebe besaß.

In diesen Jahren hatte Hela begonnen, sein Portfolio auf Baumaschinen auszudehnen. Das war zum Beispiel Kramer sehr gut gelungen. Der Schlepperbau wurde durch die niedrigen Stückzahlen immer unrentabler. Als 1979 der Allradschlepper D 255 A vorgestellt wurde, war er nur noch ein Abgesang auf eine lange Tradition des Schlepperbaus in Aulendorf. Hela musste verkauft werden und der neue Besitzer – ein Hersteller von Baufahrzeugen – gab den Schlepperbau auf. ■

Hagedorn/Hummel/Kleinland

Oben links: Der Hagedorn-Westfalia stammt noch aus der Vorkriegszeit.

Oben Mitte: Hummel baute in den 50er- und 60er-Jahren vor allem kleinere Schlepper.

Oben rechts: Kleinland ist eine dieser typischen kleinen Marken, die nur kurz im Schlepperbau tätig waren.

Die Geschichte der deutschen Traktorproduktion ist reich an Namen bekannter und unbekannter Firmen – oder aber auch einstmals berühmter Unternehmen, deren Namen in Vergessenheit geraten sind. An dieser Stelle soll an drei Marken erinnert werden, deren Schlepper heute gesuchte Raritäten sind und denen man nur mit einer gehörigen Portion Glück auf dem einen oder anderen Traktortreffen begegnen kann.

Die traditionsreiche westfälische Landmaschinenfirma der Gebrüder **Hagedorn** gehörte vor und nach dem Krieg zu den besten Produzenten von Maschinen für die Kartoffelernte. Vielen Landwirten ist heute noch der Kartoffelsammelroder Wisent ein Begriff.

Doch Hagedorn hatte auch schon früh mit dem Bau von Bauernschleppern angefangen. Es begann in den 20er-Jahren mit Grasmähern. Ab 1936 wurden Schlepper gebaut, die auf Rahmen gelegte Deutz-Motoren besaßen und zwischen 10 und 18 PS leisteten. Diese Schlepper sind heute sehr selten, nur etwa 1.000 Stück wurden insgesamt gebaut.

Hummel kam ebenfalls aus der Landmaschinensparte und bereicherte in den 50er- und 60er-Jahren die Schlepperszene mit Kleintraktoren und einachsigen Grasmähern. Der DT 54 ist ein 10 PS starker Bauernschlepper, der für den Einsatz auf kleinen Höfen gedacht war. Gerade in Südwest-Deutschland, wo Hummel zu Hause war, gab es historisch bedingt sehr viele kleine Betriebe. Man konnte den DT 54 dem Trend der damaligen Zeit folgend entweder wasser- oder luftgekühlt erwerben.

Eine besondere Rarität sind die **Kleinland**-Schlepper aus dem schwäbischen Breitenbrunn. Diese Traktoren waren auf den Fahrwerken von Jeeps der US Army gebaut worden. Das große Plus dieser Schlepper war ihr Allradantrieb und die gefederte Vorderachse. Diese Fahrzeuge waren hauptsächlich im süddeutschen Raum verbreitet und sind heute sehr rar. ■

HAGEDORN-WESTFALIA TYP 18	
Baujahr	1938
Motor	Viertakt-Diesel (Deutz MAH 716)
Verfahren	Wirbelkammer
Kühlung	Verdampfer
Zylinder	1
Hubraum	1.808 cm³
Leistung	18 PS
Drehzahl	k. A.
Höchstgeschwindigkeit	15 km/h
Antrieb	H
Gänge	3V 1R
Gewicht	1.600 kg
Radstand	1.500 mm

HUMMEL DT 54	
Baujahr	1955
Kühlung	Wasser
Leistung	15 PS
Drehzahl	1.500 U/min
Antrieb	A

KLEINLAND 15 PS	
Baujahr	ca. 1954
Motor	Viertakt-Diesel (Fichtel & Sachs)
Kühlung	Wasser
Zylinder	1
Hubraum	499 cm³
Leistung	10 PS
Drehzahl	2.000 U/min
Höchstgeschwindigkeit	k. A.
Antrieb	H
Gewicht	900 kg

Hürlimann H 12 / D-210

Oben: Im Europa der 50er-Jahre war ein Traktor mit Vergasermotor eine Seltenheit.

Oben rechts: Der D-210 besticht durch hervorragende Verarbeitung und große Kraftreserven.

Für viele gilt der Hürlimann als Rolls-Royce der Traktorwelt. In der Tat gibt es wenige Hersteller, die so viel Wert auf Qualität und innovative Kraft gelegt haben wie Hans Hürlimann, der Gründer und Kopf des Unternehmens. Jedes Jahr konnte man gespannt sein, was die findigen Schweizer für neue Ideen auf den Markt bringen würden. So präsentierte Hürlimann 1939 den ersten Dieselmotor mit Direkteinspritzung in einem Traktor und baute als erster Hersteller der Welt Turbomotoren in Mittelklasse-Traktoren ein. Das Konstrukteurgenie aus der Schweiz war immer für eine Überraschung gut.

1952 wartete Hürlimann mit einer Spezialität auf: Der H 12 war einer der wenigen in Europa gebauten Traktoren mit einem Vergasermotor. Sein wassergekühlter Vierzylindermotor leistete bei 1.700 Touren 30 PS. Hürlimann fertigte praktisch alle Bauteile selbst an.

Ab 1973 kam mit dem 77 PS starken Modell D-210 ein herausragender Schlepper auf den Markt. Hürlimann hatte natürlich, wie schon seit der Vorkriegszeit einen Direkteinspritzer-Motor aus eigener Fertigung eingebaut, der auf vier Zylindern lief. Das Getriebe war mit zwölf Vorwärts- und drei Rückwärtsgängen versehen.

Als der legendäre Firmengründer starb, einigten sich die Erben darauf, das Unternehmen zu verkaufen. So kam der traditionsreiche Schweizer Schlepperbauer in italienische Hände. Same, zu dem auch Deutz-Fahr und Lamborghini gehören, war hochbeglückt über das Juwel, das ihm in die Hände gefallen war. Allein der Name Hürlimann bedeutete in der Schweiz schon einen satten Marktanteil, selbst wenn die Traktoren nun in Italien gebaut werden. ■

AUF EINEN BLICK: H 12	
Baujahr	ca. 1952
Motor	Viertakt-Petrol
Verfahren	Vergaser
Kühlung	Wasser
Zylinder	4
Hubraum	2.837 cm³
Leistung	30 PS
Drehzahl	1.700 U/min
Höchstgeschwindigkeit	k. A.
Antrieb	H
Gänge	5V 1R
Gewicht	1.470 kg
Radstand	k. A.

AUF EINEN BLICK: D-210	
Baujahr	ca. 1973
Motor	Viertakt-Diesel
Verfahren	Direkteinspritzer
Kühlung	Wasser
Zylinder	4
Hubraum	4.431 cm³
Leistung	77 PS
Drehzahl	2.100 U/min
Höchstgeschwindigkeit	25 km/h
Antrieb	H
Gänge	12V 3R
Gewicht	2.850 kg
Radstand	k. A.

Der Pampa-Bulldog ist gar nicht so exotisch wie der Name vermuten lässt, denn es handelt sich um einen Nachbau des Lanz D 1506.

Die Lanz-Bulldogs besaßen einen Ruf von Robustheit, der dazu führte, dass sie in verschiedenen Ländern nachgebaut wurden. Einer dieser Nachbauten war der Pampa-Bulldog, der in den 50er-Jahren in Argentinien von I.A.M.E. (Industrias Aeronáuticas y Mecánicas del Estado) hergestellt wurde. Der Grund hierfür lag in der protektionistischen Wirtschaftspolitik der damaligen Regierung unter Juan Perón, die dazu führte, dass Importgüter, wozu auch Traktoren gehörten, zu teuer wurden. Perón wollte eine eigene Traktorenproduktion aus dem Boden stampfen, und zwar innerhalb von drei Monaten. Für die Konstruktion eines ganz neuen, eigenen Modells reichte die Zeit nicht. Deshalb wurde eine Gruppe von Experten berufen, die feststellen sollte, welcher Traktor der geeignetste für einen Nachbau wäre. Nach einer Befragung verschiedener landwirtschaftlicher Einrichtungen entschied man sich für den Lanz-Bulldog. Ausschlaggebend dafür war wohl der Glühkopfmotor, mit dem man nicht auf die Verwendung des teuren und knappen Diesels angewiesen war.

Dann wurden zwei Bulldogs aus Uruguay importiert. Einer davon wurde zerlegt, um die Einzelteile zum Nachbau in verschiedene Fabriken zu schicken. Der andere diente dazu, Peróns Frist von drei Monaten einzuhalten. Das Fahrzeug wurde orange lackiert und bekam die Aufschrift „I.A.M.E. Pampa Industria Argentina“ verpasst. Damit war der erste I.A.M.E.-Traktor geboren.

Bei dem Pampa-Modell, dem T01, handelte es sich um den Lanz D 1506, dessen Einzylinder-Glühkopfmotor 55 PS Leistung brachte. Der Hubraum betrug 10,5 Liter. Die Pampa-Bulldogs überlebten den Sturz Peróns nur um sieben Jahre. 1962 wurde die Produktion eingestellt. Die produzierte Stückzahl belief sich auf nur wenige Tausend. ■

AUF EINEN BLICK	
Baujahr	1952
Motor	Zweitakt-Glühkopfmotor
Verfahren	Glühkopf
Kühlung	Wasser
Zylinder	1
Hubraum	10.266 cm³
Leistung	55 PS
Drehzahl	750 U/min
Höchstgeschwindigkeit	20 km/h
Antrieb	H
Gänge	6V 2R
Gewicht	3.500 kg
Radstand	2.036 mm

IFA

RS 01/40 „Pionier“

Der „Pionier“ war in den frühen Jahren der DDR das Rückgrat der Landwirtschaft. Er wurde fast 20.000-mal gebaut. Dank seiner hohen PS-Leistung war er auch für schwerere Zugaufgaben gut geeignet.

AUF EINEN BLICK	
Baujahr	1953
Motor	Viertakt-Diesel
Verfahren	Wirbelkammer
Kühlung	Wasser
Zylinder	4
Hubraum	5.022 cm³
Leistung	40 PS
Drehzahl	1.500 U/min
Höchstgeschwindigkeit	k. A.
Antrieb	H
Gänge	5V 1R
Gewicht	3.300 kg
Radstand	2.080 mm

Als sich die herrschenden Sozialisten nach dem Krieg daran machten, die geschundene Landwirtschaft in ihrer Besatzungszone wieder aufzubauen, war allen bald klar, dass nur eine schnelle Motorisierung das gesteckte Ziel erreichbar machte, die Volksernährung so schnell wie möglich wieder abzusichern. Die zentralen Planer hatten für die Schlepperindustrie zunächst drei Standorte vorgesehen: Nordhausen, den ehemaligen Produktionsort von Normag und Orenstein & Koppel, Zwickau, wo bisher Horch gebaut hatte – dorthin wurden die Produktionsanlagen der FAMO-Werke aus Breslau verlegt – und das brandenburgische Schönebeck, das die FAMO-Maschinen später bekam. Diese Werke wurden 1947 mit anderen Motoren- und Fahrzeugwerken im Industrieverband Fahrzeugbau (IFA) zwangsvereinigt. Jedes Werk erhielt von der zentralistischen Führung seine besondere Aufgabe. In Zwickau – ab 1950 in Nordhausen – entstand der „Pionier“ oder RS 01/40, der von 1949 bis 1956 gebaut wurde. Es handelte sich dabei um einen modifizierten Nachbau des schlesischen FAMO-Schleppers von 1936.
Die Typenbezeichnung ist folgendermaßen aufzuschlüsseln: RS stand für Radschlepper im Gegensatz zu den ebenfalls gefertigten Raupenschleppern. 01 bedeutete, dass dies der erste gebaute Radschleppertyp der IFA war. Die 40 hinter dem Schrägstrich nannte die PS-Leistung.

RS 08/15 „Maulwurf“

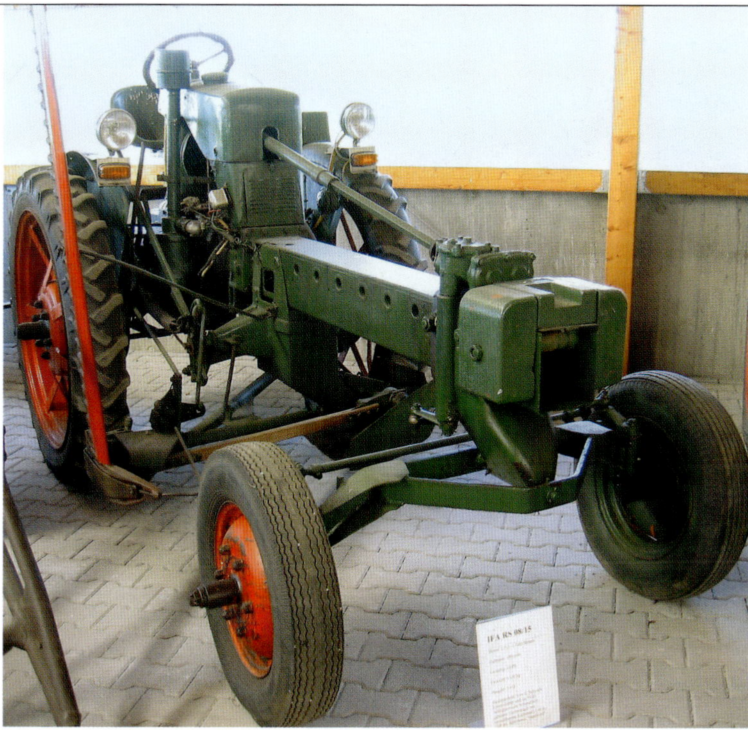

Der Geräteträgerbau der DDR krankte an einer falschen Motorisierung.

Eine Novität, mit der man dem Westen zuvorgekommen war, war der Geräteträger RS 08/15 mit dem Beinamen „Maulwurf“. 1949 hatte der Erfurter Ingenieur Egon Scheuch dieses Fahrzeug entworfen. Zur industriellen Fertigung kam es wegen der Kriegsfolgen und Materialknappheit erst 1953. Der Geräteträger hatte nur einen mittleren Holm, auf dem die Geräte angebaut werden konnten. Dieser Holm konnte von 1,4 auf 2 m herausgezogen werden. Prunkstück war das Gruppenschaltgetriebe mit acht Vorwärtsgängen und einem Rückwärtsgang. Eine Front- und eine hintere Zapfwelle waren integriert.

Allerdings zeigte der „Maulwurf“ mit seinem auffallendsten Mangel, der letztlich zum K.o.-Kriterium wurde, dass Planungswirtschaft und Technokratentum sehr schwer unter einen Hut zu bringen sind. Linientreue war oftmals wichtiger als Sachkenntnis. So kam es am Grünen Tisch zum Scheitern dieser guten Idee. Ein Befehl von oben lautete nämlich, man solle als Kraftzelle einen Zweizylinder-Zweitakt-Vergasermotor einsetzen, der vorher schon DKW-Personenkraftwagen von der Stelle gebracht hatte. Für seine Verwendungszwecke war dieser Motor viel zu schwach.

Die Lösung dieses Problems bot der RS 09, der unmittelbare Nachfolger des RS 08/15. Man hatte das Problem erkannt und setzte bei dieser Version einen Zweizylinder-Motor ein, den man vom Motorenbauer Warchalowski bezog. Später wurde er in Lizenz nachgebaut. In dieser Konfiguration wurde der „Maulwurf“ einer der erfolgreichsten Geräteträger im Ostblock. ■

AUF EINEN BLICK	
Baujahr	1953
Motor	Zweitakt-Benziner
Verfahren	Vergaser
Kühlung	Wasser
Zylinder	2
Hubraum	690 cm³
Leistung	15 PS
Drehzahl	3.000 U/min
Höchstgeschwindigkeit	k. A.
Antrieb	H
Gänge	8V 1R
Gewicht	1.300 kg
Radstand	1.400 - 2.000 mm

ZT 303 D

Bei den Traktoren war die DDR stark auf Importe angewiesen. Der ZT zeigte, was man konnte.

AUF EINEN BLICK	
Baujahr	ca. 1981
Motor	Viertakt-Diesel (Nordhausen 4 VD 14,5-12,4 SRW)
Verfahren	Mittenkugel
Kühlung	Wasser
Zylinder	4
Hubraum	6.560 cm^3
Leistung	93 PS
Drehzahl	1.850 U/min
Höchstgeschwindigkeit	k. A.
Antrieb	A
Gänge	9V 6R
Gewicht	5.195 kg
Radstand	2.790 mm

Ab 1964 war ein neuer Stern am Traktorhimmel der VEB-Schmieden aufgegangen, der ZT 300. Er wurde zum Urvater einer langen Reihe mittelstarker bis schwerer Traktoren, die für die Einsätze auf den großen LPGs konstruiert worden waren. Ab 1967 begann die Großserienfertigung des Schleppers. Von der ersten Generation dieser Traktoren wurden ca. 70.000 Exemplare hergestellt.

1981 wurde der ZT 303-D vorgestellt. 303 war die Kennung für Allradversionen des 300ers, die es schon zehn Jahre früher gegeben hatte. Der ZT 303 D hatte den bewährten Motor im MAN abgeschauten Mittenkugelverfahren. Dieser Vierzylinder-Motor hatte einen Hubraum von 6.560 Kubik. Bei einer Drehzahl von 1.850 Touren schaffte der ZT 303 93 PS. Mit dieser Leistung konnte er auch schwere Arbeiten verrichten. Sehr interessant war das Getriebe, das mit neun Vorwärts- und sechs Rückwärtsgängen aufwarten konnte. Ähnlich wie die früheren Nationalmannschaften der DDR hatten die neueren Landmaschinen und Traktoren alle eine hellblau-weiße Lackierung.

Die ZT waren bis zur Wende die Zugpferde der planwirtschaftlich organisierten Landwirtschaft. Ihr schnelles und unerwartetes Ende kam 1989, als mit der Maueröffnung das Interesse an Produkten der DDR rapide abnahm. Die ZT 303 D wurden im VEB-Werk in Schönebeck an der Elbe zusammengebaut. Im Treuhandbetrieb nach der Wende wurden bis 1995 vor allem Motoren gebaut. ■

Die Produktion der IHC-Traktoren in Neuss am Rhein begann mit dem F 12 G. Der Schlepper sollte an den Erfolg des Farmall anknüpfen.

Die Landmaschinenhersteller McCormick, Deering und drei weitere kleinere Firmen schlossen sich 1902 zur International Harvester Company mit Sitz in Chicago zusammen. Um 1910 besaß das neue Unternehmen auf dem amerikanischen Landmaschinenmarkt einen Anteil von 90 Prozent, war also fast Monopolist. Der Namensteil „International" hatte seine Berechtigung. Sowohl Deering als auch McCormick hatten schon vor ihrem Zusammenschluss einen großen Teil ihrer Maschinen exportiert.

Die International Harvester Company (IHC) stieg schon 1906 in die Traktorenproduktion ein. Aber es handelte sich anfangs um große, schwere und teure Zugmaschinen. Der wirkliche Durchbruch kam erst 1924 mit der Einführung des „Farmall", eines leichten Allzwecktraktors, der auch bei nicht so zahlungskräftigen Kunden auf reges Interesse stieß. Anfang der 30er-Jahre hatte IHC die Position des größten Traktorherstellers der Welt erreicht. Produziert wurde in über vierzig Fabriken, die sich in mehreren Ländern befanden. Über 100.000 Mitarbeiter wurden weltweit beschäftigt.

Bereits seit 1911 fertigte IHC in Neuss am Rhein Getreidemäher, Heuwender und Pferderechen. Da aufgrund der Wirtschaftspolitik des Nazi-Regimes Importe immer schwieriger wurden, begann man 1935 in Neuss mit der Produktion des F 12 G, eines an den deutschen Markt angepassten Farmall. Der F 12 G wurde mitunter unter dem Markennamen „Deering" und manchmal als „Mc Cormick" vertrieben. Sein Petroleum-Motor erreichte eine Leistung von 15 PS. Bis 1940 wurden fast 4.000 Stück hergestellt. ■

AUF EINEN BLICK	
Baujahr	1939
Motor	Viertakt-Petroleum-Motor
Verfahren	Vergaser
Kühlung	Wasser
Zylinder	4
Hubraum	1.840 cm^3
Leistung	15 PS
Drehzahl	1.400 U/min
Höchstgeschwindigkeit	14 km/h
Antrieb	H
Gänge	3V 1R
Gewicht	1.700 kg
Radstand	1.830 mm

Farmall DLD 2

Mit dem DLD 2 visierte man bei IHC die Zielgruppe der in den 50er-Jahren noch zahlreichen kleinen landwirtschaftlichen Betriebe an.

AUF EINEN BLICK	
Baujahr	1956
Motor	Viertakt-Diesel (IHC DD-66)
Verfahren	Wirbelkammer
Kühlung	Wasser
Zylinder	2
Hubraum	1.088 cm^3
Leistung	14 PS
Drehzahl	1.800 U/min
Höchstgeschwindigkeit	19 km/h
Antrieb	H
Gänge	5V 1R
Gewicht	900 kg
Radstand	1.575 mm

Im IHC-Werk Neuss begann 1953 die Produktion von drei neuen Modellen anzulaufen, der sogenannten „D-Reihe“. Sie bestand aus dem DLD 2 mit zwei Zylindern, dem DED 3 mit drei Zylindern und dem DGD 4 mit vier Zylindern. Die Abkürzung „DLD“ stand für „Deutscher Leicht-Diesel“. Er wurde auch als „Farmall Dieselschlepper“ und unter dem Markennamen „McCormick“ verkauft.

Wie der Name schon andeutete, war der DLD das kleinste der Modelle. Die Motorleistung lag bei 14 PS. Bei den Motoren war IHC mittlerweile auch auf Diesel umgestiegen, allerdings mit Wasserkühlung, während man bei anderen Herstellern in Deutschland, wie Eicher und Deutz, in den 50er-Jahren auf Luftkühlung setzte.

In der Werbung wurde der DLD als Allzweckschlepper für den kleinen Hof und als vielseitige Zusatzmaschine für größere Betriebe angepriesen. Er besaß ein Getriebe mit fünf Vorwärtsgängen und einem Rückwärtsgang. Im fünften Gang konnte im Straßenverkehr eine Höchstgeschwindigkeit von fast 19 km/h erreicht werden. Zur Standardausstattung gehörten eine Zapfwelle und eine Differenzialsperre. Als Zusatzausrüstung waren eine Riemenscheibe, eine Federung der Vorderachse, ein hydraulischer Kraftheber mit Dreipunktaufhängung, ein Wetterschutzdach und ein seitlicher Mähbalken lieferbar. Zur Erhöhung des Fahrkomforts stand für den DLD ein spezieller Muldensitz zur Verfügung. Außerdem war ein zweiter Beifahrersitz erhältlich.

Der DLD 2 wurde bis 1956 gebaut. Es waren ungefähr 5.480 Stück, die das Werk in Neuss verließen.

Farmall DED 3

Der DED 3 war ein vielseitiger Schlepper für den mittelgroßen Hof. Ein großes Angebot an Sonderausstattung erweiterte seine Einsatzmöglichkeiten.

Die drei Modelle, die 1953 in Produktion gingen, wurden in Neuss am Rhein unabhängig von der amerikanischen Zentrale für den deutschen Markt entwickelt. Der DED 3 nahm in Hinblick auf die Leistung die mittlere Position bei den drei Schleppern ein. Die drei Buchstaben im Namen standen für „Deutscher Einheits-Diesel". Er war als Allzweckschlepper für den mittleren landwirtschaftlichen Betrieb konzipiert.

Wie der DLD, so war auch der DED mit einem Getriebe ausgestattet, das von IHC selbst entwickelt worden war. Es standen fünf Vorwärtsgänge und ein Rückwärtsgang zur Verfügung. Die Höchstgeschwindigkeit betrug auf der Straße annähernd 21 km/h. Der Motor, der unter der Haube arbeitete, stammte ebenfalls aus dem eigenen Hause. Es handelte sich um einen Dreizylinder mit Wirbelkammerverfahren. Seine Leistung betrug bei 1.750 Touren 20 PS.

Standardmäßig war der DED 3 mit einem Zugrahmen und einer Anhängeschiene ausgestattet. Um diese Zeit war jedoch das Patent von Ferguson auf die Dreipunktaufhängung bereits abgelaufen, so dass IHC wahlweise auch diese Vorrichtung zur Befestigung von Anbaugeräten liefern konnte. Als Alternative dazu gab es außerdem den sogenannten „Normschwingrahmen", der dem Landwirt den Übergang vom Pferde- zum Schlepperbetrieb erleichtern sollte, weil damit vorhandene Pferdezuggeräte weiterverwendet werden konnten. Die Dreipunktaufhängung setzte sich jedoch unaufhaltsam durch und wurde bald zum Standard.

Der DED 3 rollte bis 1956 von den Bändern im Neusser Werk. Es waren ungefähr 8.650 Exemplare abgesetzt worden.

AUF EINEN BLICK	
Baujahr	1953
Motor	Viertakt-Diesel (IHC DD-99)
Verfahren	Wirbelkammer
Kühlung	Wasser
Zylinder	3
Hubraum	1.631 cm³
Leistung	20 PS
Drehzahl	1.750 U/min
Höchstgeschwindigkeit	20 km/h
Antrieb	H
Gänge	5V 1R
Gewicht	1.230 kg
Radstand	1.676 mm

D-212

Gemeinsam mit dem D-217 gehörte das Zweizylinder-Modell D-212 zu den Nachfolgern des DLD 2.

AUF EINEN BLICK	
Baujahr	1957
Motor	Viertakt-Diesel (IHC DD-66)
Verfahren	Wirbelkammer
Kühlung	Wasser
Zylinder	2
Hubraum	1.088 cm³
Leistung	12 PS
Drehzahl	1.750 U/min
Höchstgeschwindigkeit	19 km/h
Antrieb	H
Gänge	6V 1R
Gewicht	1.033 kg
Radstand	1.730 mm

Im Jahr 1956 war die Zeit gekommen, den DLD, den DED und den DGD durch eine neue Baureihe abzulösen. Es waren fünf Modelle, die in diesem Jahr an den Start gingen. Das stärkste Mitglied der neuen Schlepperreihe war der D-430 mit einem 30 PS starken Vierzylinder-Motor. Den Mittelbereich bildeten die beiden Dreizylinder-Modelle D-324 und D-320 mit 24 und 20 PS. Mit Zweizylinder-Motoren waren der D-217 und der D-212 ausgestattet. Der D-217 erreichte eine Leistung von 17 PS, den Abschluss nach unten stellte der D-212 mit seinen 12 PS dar. Das D im Namen bedeutete, dass das Modell aus deutscher Produktion kam. Im Vergleich zur Vorgängerreihe standen den Kunden nun mehr Modelle mit einer feineren Abstufung im Leistungsbereich zur Auswahl. Der D-212 war als Traktor für den kleinen Betrieb oder als Zweitschlepper für den größeren Hof gedacht. Das Getriebe des Schleppers wurde nach wie vor von IHC selbst hergestellt. Das Räderwerk dafür wurde jedoch von ZF geliefert. Die Anzahl der Vorwärtsgänge war um einen erhöht worden.

Äußerlich waren die neuen Modelle an der etwas eckigen Motorhaube zu erkennen. Außerdem waren die Scheinwerfer nach vorne verlegt worden. Dem D-212 war eine neue Vorderachse und eine veränderte Kupplungsglocke spendiert worden.

Der Bau von Traktoren in der Leistungsklasse des D-212 war Mitte der 50er-Jahre noch ein gutes Geschäft, da es noch eine große Zahl kleiner Betriebe gab, für die solche Schlepper geeignet waren. Der D-212 wurde bis 1959 gebaut. Es waren ungefähr 3.800 Stück, die von diesem Modell hergestellt wurden. ■

D-217

Der D-217 ersetzte gemeinsam mit dem D-212 den DLD 2 und hatte als Zielgruppe ebenfalls die kleinen Betriebe im Auge. Sein Motor besaß einen Hubraum von 1.217 Kubikzentimetern, was ihm fünf PS mehr Leistung verlieh als dem kleineren Bruder. Hier wird außerdem deutlich, was die Nummer in der Typenbezeichnung bedeutete: Die erste Ziffer stand für die Anzahl der Zylinder und die beiden folgenden Zahlen für die PS-Zahl. Von dem kleineren Modell unterschied sich der D-217 auch durch die größeren Reifen, den größeren Tank und die etwas höhere Geschwindigkeit, die er im Straßenverkehr erreichen konnte. Er war zudem etwas länger als der D-212, besaß aber den gleichen Radstand. Die Bodenfreiheit war beim D-217 mit 380 mm jedoch geringer als beim D-212, bei dem dieser Wert 435 mm betrug. Ansonsten unterschieden sich die beiden Modelle von der technischen Ausstattung her nur geringfügig.

1958 entschloss man sich bei IHC, die Baureihe um zwei Modelle zu erweitern, um das Angebot noch besser auf die Bedürfnisse der Kunden abzustimmen. Dabei handelte es sich um den D-214 S (14 PS) und den D-217 S (17 PS). Beide Modelle wurden von Zweizylinder-Motoren angetrieben. 1959 ergänzten noch die Vierzylinder-Modelle D-436 S mit 36 PS und D-440 S mit 40 PS das Programm. Das S in der Bezeichnung stand für „Standard“. Die älteren Modelle bekamen nun den Zusatz „F“, was „Farmall“ bedeutete, zum Beispiel „D-217 F“.

Der D-217 wurde bis 1960 gebaut. Es waren etwas über 5.400 Exemplare, die von diesem Modell hergestellt wurden.

Der Name des berühmten Landmaschinenherstellers McCormick befand sich beim D-217, ebenso wie bei den anderen IHC-Schleppern, aus Marketing-Gründen auf der Motorhaube.

AUF EINEN BLICK	
Baujahr	1957
Motor	Viertakt-Diesel (IHC DD-74)
Verfahren	Wirbelkammer
Kühlung	Wasser
Zylinder	2
Hubraum	1.217 cm^3
Leistung	17 PS
Drehzahl	1.900 U/min
Höchstgeschwindigkeit	20 km/h
Antrieb	H
Gänge	6V 1R
Gewicht	1.063 kg
Radstand	1.730 mm

D-320

Der D-320 gehörte zu den kleinen und mittleren Schleppern, mit denen sich IHC einen großen Anteil am deutschen Schleppermarkt eroberte.

AUF EINEN BLICK	
Baujahr	ca. 1958
Motor	Viertakt-Diesel (IHC DD-99)
Verfahren	Wirbelkammer
Kühlung	Wasser
Zylinder	3
Hubraum	1.631 cm^3
Leistung	20 PS
Drehzahl	1.750 U/min
Höchstgeschwindigkeit	20 km/h
Antrieb	H
Gänge	6V 1R oder 8V 2R
Gewicht	1.230 kg
Radstand	1.780 mm

Beim D-320, der den DED 3 ersetzte, handelte es sich um das kleinere der beiden Dreizylinder-Modelle der Baureihe, die 1956 an den Start ging. Der Motor erbrachte eine Leistung von 20 PS bei einer Drehzahl von 1.720 Touren. Was den Fahrkomfort erhöhte, war die Einzelradfederung an der Vorderachse. Wahlweise konnte der D-320 mit einem Wetterschutzdach und einem Mähwerk bezogen werden.

Ab 1957 war für den D-320 das von IHC entwickelte Agriomatic-Getriebe verfügbar. Mit diesem neuartigen Getriebe erlangte IHC einen entscheidenden technologischen Vorsprung vor der Konkurrenz. Die Vorteile des Agriomatic-Getriebes zeigten sich nicht zuletzt bei der Arbeit mit Maschinen, denn es ermöglichte, dass bei voller Zapfwellendrehzahl angehalten und wieder weich angefahren werden konnte. Das ist heute selbstverständlich, aber damals stellte es eine erhebliche Erleichterung bei der Arbeit mit Ballenpressen, angehängten Mähdreschern, Häckslern oder Bindern dar. Bei eingebautem Agriomatic besaß der D-320 außerdem eine feinere Gangabstufung, nämlich acht Vorwärts- und zwei Rückwärtsgänge.

Der D-320 wurde bis 1962 gebaut. Ungefähr 13.300 Exemplare dieses Typs hatten bis dahin einen Abnehmer gefunden. Insgesamt hatte sich die Baureihe als sehr erfolgreich erwiesen. 1953 hatte IHC einen mageren Anteil von nur drei Prozent am deutschen Schleppermarkt gehabt. Vier Jahre später war dieser Prozentsatz auf neun gestiegen, und 1962, als die Baureihe durch neue Modelle ersetzt wurde, stammten bereits zwölf Prozent der neu zugelassenen Traktoren von IHC.

D-214 S / D-326

Oben: 1960 hatte IHC in Neuss acht Schlepper im Angebot. Der D-214 S war der kleinste.

Oben links: Die Bezeichnung entsprach nicht mehr bei allen Modellen genau der Motorleistung. Der D-326 erbrachte eine Leistung von 24 PS.

Der D-214 S gehörte zu den Modellen, die 1958 das Schlepperprogramm im Segment der Kleintraktoren bis 20 PS erweiterten. Unter seiner Motorhaube arbeitete das gleiche Aggregat wie beim D-212, war aber auf eine Leistung von 14 PS bei 1.800 Touren eingestellt. Da man bei der Produktion auf das Baukastensystem übergegangen war, ähnelten sich die Modelle auch bei den Einzelteilen. Mindestens 50 Prozent der Bauteile eines Schleppers wurden in einem anderen Modell ebenfalls verwendet. Bei den Verschleißteilen betrug dieser Wert sogar 70 Prozent. Dies senkte die Herstellungs- und Lagerkosten und kam letztlich auch dem Verbraucher zugute. In den vier Jahren, in denen der D-214 S hergestellt wurde, fanden etwas über 8.000 Exemplare dieses Typs einen Abnehmer.

1962 war es soweit, das Produktprogramm mit neuen Modellen aufzufrischen. Zu den neuen Schleppern gehörten die Zweizylinder-Modelle D-215 und D-219 mit 15 und 19 PS, die Dreizylinder-Modelle D-322 und D-326 mit 22 und 24 PS sowie die Vierzylinder-Modelle D-432, D-439 und D-514 mit 30, 36 und 50 PS.

Der Käufer eines D-326 konnte beim Getriebe zwischen der einfachen Ausführung mit sechs Vorwärtsgängen und einem Rückwärtsgang und dem Agriomatic-Getriebe mit acht Vorwärts- und zwei Rückwärtsgängen wählen. Außerdem stand eine von IHC entwickelte Regelhydraulik mit dem Namen „exact“ zur Verfügung.

Vom D-326 wurden bis 1965, als er von einem anderen Modell abgelöst wurde, annähernd 15.500 Exemplare hergestellt. ■

AUF EINEN BLICK: D-214 S	
Baujahr	1958
Motor	Viertakt-Diesel (IHC DD-66)
Verfahren	Wirbelkammer
Kühlung	Wasser
Zylinder	2
Hubraum	1.088 cm³
Leistung	14 PS
Drehzahl	1.800 U/min
Höchstgeschwindigkeit	20 km/h
Antrieb	H
Gänge	6V 1R
Gewicht	1.053 kg
Radstand	1.730 mm

AUF EINEN BLICK: D-326	
Baujahr	1965
Motor	Viertakt-Diesel (IHC DD-111)
Verfahren	Wirbelkammer
Kühlung	Wasser
Zylinder	3
Hubraum	1.825 cm³
Leistung	24 PS
Drehzahl	1.800 U/min
Höchstgeschwindigkeit	20 km/h
Antrieb	H
Gänge	6V 1R oder 8V 2R
Gewicht	1.350 kg
Radstand	1.780 mm

Der 423 gehörte zur EWG-Reihe. Die hohe Zahl der hergestellten Exemplare wurde nicht zuletzt dadurch erreicht, dass er für ganz Westeuropa produziert wurde.

AUF EINEN BLICK	
Baujahr	ca. 1968
Motor	Viertakt-Diesel (IHC D-155)
Verfahren	Direkteinspritzer
Kühlung	Wasser
Zylinder	3
Hubraum	2.536 cm^3
Leistung	40 PS
Drehzahl	1.900 U/min
Höchstgeschwindigkeit	20 km/h
Antrieb	H
Gänge	8V 2R
Gewicht	2.015 kg
Radstand	1.920 mm

Eine größere Überholung des IHC-Programms fand 1965 mit dem Start einer ganz neuen Baureihe statt. Diese Modelle unterschieden sich in der Technik, im Styling und sogar hinsichtlich des Absatzmarktes von ihren Vorgängern. Der Grund lag im Wandel der Landwirtschaft und in der zunehmenden wirtschaftlichen Integration Westeuropas. Bisher hatten die IHC-Werke in Deutschland und Frankreich ihre eigenen Modelle entwickelt und produziert. Dies sollte sich nun ändern. Die landwirtschaftlichen Betriebe verlangten immer stärkere Schlepper, und um diese rentabel produzieren zu können, war es nötig, für den europäischen Markt einheitliche Modelle herzustellen. Die europäischen Werke wurden deshalb zu einem Fertigungsverbund zusammengeschlossen.

Inoffiziell wurde die neue Baureihe „Common Market"- oder EWG-Reihe genannt. Bei der Modellbezeichnung fiel das D weg, da die Schlepper für den ganzen europäischen Markt bestimmt waren und nicht mehr allein in Deutschland produziert wurden. Die Anzahl der Zylinder wurde nun mit der letzten Ziffer angegeben, während die beiden ersten Ziffern für die ungefähre PS-Zahl standen (wie es bereits beim D-514 der Fall war).

Der 423 kam 1966 auf den Markt. Angetrieben wurde er von einem 40 PS starken Dreizylinder-Motor mit Direkteinspritzung. Äußerlich unterschied sich der 423, wie die anderen Mitglieder der Baureihe, von den Vorgängermodellen durch eine kantigere Motorhaube. Die Frontscheinwerfer waren nun in dem anfangs aus Kunststoff, später aus Aluminium bestehenden Kühlergrill integriert.

Bis zum Produktionsende im Jahr 1972 wurden vom 423 ungefähr 27.800 Exemplare produziert.

Als der 433 auf den Markt kam, befand sich IHC in Europa auf dem Höhepunkt. Von diesem Modell wurden annähernd 17.500 Stück hergestellt.

Die EWG-Reihe erwies sich als voller Erfolg. 1970 lief in Neuss der 250.000ste Traktor vom Band, und zwei Jahre später hatte IHC den ersten Platz in der deutschen Zulassungsstatistik eingenommen. 1975 errang IHC diese Position auch auf dem westeuropäischen Traktormarkt. Im selben Jahr wurde das Produktprogramm um die A-Familie erweitert. Es handelte sich dabei um die Traktoren vom Typ 433, 533 und 633, die jeweils auch in einer Schmalspurausführung erhältlich waren.

Die Nennleistung des 433 wurde mit 35 PS angegeben. Allerdings konnte er eine Höchstleistung von 40 PS erreichen. Zu den Neuerungen gehörte das serienmäßige Leichtschaltgetriebe mit acht Vorwärts- und vier Rückwärtsgängen. Auf Wunsch war das Getriebe mit einer zuschaltbaren Zwischenuntersetzung erhältlich, womit sich die Gangzahl verdoppelte. Eine Kabine hatte der 433 nicht. Stattdessen konnte er mit einem Fritzmeier-Verdeck ausgestattet werden.

Aber es lief nicht mehr lange so gut. 1979 wurden die amerikanischen IHC-Werke von einem Arbeitskampf lahm gelegt, der sich ein halbes Jahr lang hinzog. Dann kam die Rezession der 80er-Jahre, die das Unternehmen schließlich ganz in die Knie zwang. 1985 wurde der Landtechnik-Sektor von IHC von dem Mischkonzern Tenneco übernommen und mit dem Traktoren- und Landmaschinenhersteller Case vereinigt. Daraus entstand das neue Unternehmen Case IH. 1993 wurde das Werk in Neuss geschlossen und die Produktion nach Doncaster in England verlagert. Heute werden die Traktoren von Case IH bei Steyr im österreichischen St. Valentin hergestellt. ■

AUF EINEN BLICK	
Baujahr	1978
Motor	Viertakt-Diesel (IHC D-155)
Verfahren	Direkteinspritzer
Kühlung	Wasser
Zylinder	3
Hubraum	2.536 cm³
Leistung	35 PS
Drehzahl	2.050 U/min
Höchstgeschwindigkeit	27 km/h
Antrieb	H
Gänge	8V 4R
Gewicht	2.355 kg
Radstand	2.070 mm

Oben: Beim K 25 wurde eine von Kögel selbst entwickelte Hydraulik eingebaut.

Oben rechts: Die Einzelteile für den K 22 wurden von verschiedenen Zulieferern bezogen.

Das in München ansässige Baumaschinenunternehmen Kurt Kögel machte seine ersten Erfahrungen mit Traktoren nach dem Zweiten Weltkrieg bei der Umrüstung von Holzgasschleppern auf den Betrieb mit Dieselmotoren. Ein Einstieg in die Fertigung eigener Traktoren war durchaus nahe liegend.

1949 trat Kögel gleich mit mehreren Modellen auf den Markt. Dazu gehörte der K 22, der mit einem 22 PS starken, wassergekühlten Motor von MWM ausgestattet war. Mit dem Getriebe, das vier Vorwärtsgänge und einen Rückwärtsgang bot, konnte eine Höchstgeschwindigkeit von 19 km/h erreicht werden. Der K 22 wurde bis 1954 gebaut.

Als Zielgruppe für die Kögel-Traktoren galten die kleinen Landwirte des bayerischen Voralpenlandes. Tatsächlich konnte das Münchner Unternehmen regional einen beträchtlichen Erfolg erzielen, so dass es 1950 an 19. Stelle in der bundesweiten Zulassungsstatistik für Traktoren lag. Im folgenden Jahr wurde das Programm um den K 25 erweitert. Es handelte sich um einen 22-PS-Schlepper, der von einem Henschel-Motor angetrieben wurde. Zu den eigenen Entwicklungen von Kögel gehörte die gefederte Pendel-Vorderachse, die ein ruhiges Fahren und eine verbesserte Geländegängigkeit ermöglichen sollte. Außerdem gab es eine Kögel-Hydraulik.

Der K 25 wurde ebenfalls bis 1954 hergestellt. Der Traktorenbau bei Kögel wurde zu dieser Zeit ein Opfer der einsetzenden Marktkonsolidierung. ■

AUF EINEN BLICK: K 22	
Baujahr	1949
Motor	Viertakt-Diesel (MWM KD 215 Z)
Verfahren	Vorkammer
Kühlung	Wasser
Zylinder	2
Hubraum	2.356 cm³
Leistung	22 PS
Drehzahl	1.500 U/min
Höchstgeschwindigkeit	19 km/h
Antrieb	H
Gänge	4V 1R
Gewicht	1.600 kg
Radstand	1.780 mm

AUF EINEN BLICK: K 25	
Baujahr	1951
Motor	Viertakt-Diesel (Henschel 515 DE)
Verfahren	Luftspeicher
Kühlung	Wasser
Zylinder	2
Hubraum	1.590 cm³
Leistung	22 PS
Drehzahl	2.000 U/min
Höchstgeschwindigkeit	20 km/h
Antrieb	H
Gänge	5V 1R
Gewicht	1.300 kg
Radstand	1.750 mm

K 18 „Allesschaffer“

Kramer

Die Motormäher, so auch der K 18, der Vorkriegszeit hatten noch keine Motorhauben.

Bereits in den 20er-Jahren stellten die Brüder Emil, Franz, Hans und Karl Kramer aus dem badischen Gutmadingen Motormäher her. Das erste Modell hatte einen Einzylinder-Zweitakt-Benzinmotor von einem Motorrad mit 4 PS. Das Grundprinzip des Motormähers wurde auf die in den 30er-Jahren gebauten Schlepper übertragen: Rahmenbauweise, niedrig gebaut und hinten vergleichsweise kleine Räder.

Ab 1936 wurden diese Traktoren unter dem Namen „Allesschaffer“ produziert. Der erste war der K 12 mit zunächst 12, später 14 PS. 1938 kam der K 18 hinzu, der zunächst 16, dann 20 PS aufwies. Die Variante, die ab 1939 gebaut wurde und 20 PS Leistung bot, hatte wie seine Vorgänger einen Güldner-Motor, nämlich den Einzylinder-Diesel GW 20 mit dem satten Hubraum von 3.278 Kubik. Dank seiner Luftbereifung und der Höchstgeschwindigkeit von 16 km/h konnte er auch als Zugfahrzeug eingesetzt werden und war deshalb ein universaler Vertreter des herkömmlichen Ochsengespanns. Das Viergang-Getriebe stammte aus Friedrichshafen.

Nach der erzwungenen Unterbrechung durch das Produktionsverbot der Nazis baute Kramer nach dem Krieg wieder dieses Modell, bis es 1950 durch den K 22 Th ersetzt wurde. Th stand für Thermosyphonkühlung, eine Kühltechnik, die das alte Verdampferverfahren des K 18 ablöste und einen viel geringeren Wasserverbrauch zu verzeichnen hatte. Kramer gehörte vor dem Krieg schon zu den großen Herstellern. Bis 1939 verkaufte das Unternehmen über 10.000 Traktoren. ■

AUF EINEN BLICK	
Baujahr	1939
Motor	Viertakt-Diesel (Güldner GW 20)
Verfahren	Wirbelkammer
Kühlung	Verdampfer
Zylinder	1
Hubraum	3.278 cm^3
Leistung	20 PS
Drehzahl	1.500 U/min
Höchstgeschwindigkeit	16 km/h
Antrieb	H
Gänge	4V 1R
Gewicht	1.650 kg
Radstand	1.800 mm

Das „V“ im Namen des K 12 V stand nach dem Krieg bei diesem Modell für Verdampfer und bezeichnete die Motorkühlung.

AUF EINEN BLICK	
Baujahr	ca. 1950
Motor	Viertakt-Diesel (Deutz MAH 914)
Verfahren	Vorkammer
Kühlung	Verdampfer
Zylinder	1
Hubraum	1.099 cm³
Leistung	12 PS
Drehzahl	1.500 U/min
Höchstgeschwindigkeit	15 km/h
Antrieb	H
Gänge	4V 1R
Gewicht	1.330 kg
Radstand	1.760 mm

Der erste große Erfolg der Firma Kramer im Schlepperbau der Vorkriegszeit war das Modell K 12. Der kleine „Allesschaffer“ mit 12, später 14 PS genügte den meisten der kleineren Bauern vollauf. Vor allem für die Viehwirtschaft betreibenden Höfe und den dafür nötigen Gras- und Heuarbeiten war der „Allesschaffer“ zu einem wertvollen Helfer geworden.

Nach dem Krieg wurde der K 12 wieder gebaut, doch jetzt hatte der Deutz-Motor MAH 914 das vor dem Krieg eingesetzte Güldner-Aggregat ersetzt. Dieser Motor leistete 11/12 PS und arbeitete nach dem Vorkammer-Verfahren. Optisch ein wesentlicher Unterschied zum Vorkriegsmodell war die nun verwendete Motorhaube, die den K 12 V zierte. Dieses Modell hatte wiederum 12 PS. Der K 12 war in der gleichen Motorisierung auch mit Thermosyphonkühlung zu haben. In dieser Konfiguration hieß der Schlepper dann K 12 Th. Beide Schlepper waren wahlweise mit Viergang- oder Fünfgang-Getriebe erhältlich. Die Viergangversion war seinerzeit der billigste Schlepper auf dem Markt, was nicht unwesentlich zum Verkaufserfolg beitrug.

Da Emil schon 1932 gestorben und Franz im Krieg gefallen war, führten Hans und Karl Kramer die Firma allein weiter. Sie schafften es sehr erfolgreich, das Unternehmen in die Zeit des Schlepperbooms hineinzuführen und stellten 1951 eine völlig neue Schleppergeneration vor, die nun in Blockbauweise konstruiert war. Um die Produktion sicherstellen zu können, wurde in Überlingen am Bodensee ein zweites Werk errichtet.

Hier erkennt man im Vergleich mit dem Bild auf Seite 86 sehr schön die Blockbauweise im Gegensatz zur früheren Rahmenbauweise.

Ab 1951 wurden neue Traktoren vorgestellt, die bis 1955 zu einer großen Typenbreite geführt wurden, die man bei wenigen Herstellern so finden konnte. Eines der erfolgreichsten Modelle dieser Schleppergeneration war der K 15, der ein Jahr später einen Bruder mit einem besseren Getriebe bekam. Der K 15 besaß den wassergekühlten MWM-Motor KD 211 Z, der bei einer Drehzahl von 2.000 Touren 15 PS brachte. Mit diesem erfolgreichen Motor waren auch Schlepper anderer Marken bestückt, zum Beispiel der Hela D 117. Das Fünfgang-Getriebe stammte von ZF aus Friedrichshafen, das ja nicht weit von Überlingen entfernt ist. Das Modell K 15 gab es von 1954 bis 1959.

Der K 15 war in der Zeit des Schlepperbooms genau der Typ Fahrzeug, in Bezug auf den der Bedarf in der Landwirtschaft der jungen Bundesrepublik am größten war. Deshalb war es kein Wunder, dass sich dieses Modell zu einem der großen Verkaufshits von Kramer entwickelte.

In der Regel wurden bei den Schleppern dieser Generation selbst gefertigte Getriebe eingebaut, die Motoren stammten von Güldner, MWM und Deutz. So konnte jeder Kunde seinen persönlichen Favoriten bestellen. Auch bei der Kühlung gab es alles nach Wunsch: luftgekühlte Deutz oder Güldner oder wassergekühlte MWM oder Güldner. Die kleineren Modelle verkauften sich bei weitem besser als die allerdings auch recht teuren PS-starken Kramer-Schlepper. Das Verkaufsgebiet der Firma blieb in diesen Jahren hauptsächlich auf Süddeutschland beschränkt. ■

AUF EINEN BLICK	
Baujahr	1955
Motor	Viertakt-Diesel (MWM KD 211 Z)
Verfahren	Wirbelkammer
Kühlung	Wasser
Zylinder	2
Hubraum	1.250 cm^3
Leistung	15 PS
Drehzahl	2.000 U/min
Höchstgeschwindigkeit	20 km/h
Antrieb	H
Gänge	5V 1R
Gewicht	970 kg
Radstand	1.610 mm

KL 200 / Pionier S

Oben: Ein Leichtgewicht war der 11-PS-Schlepper Pionier S.

Oben rechts: Frisch restauriert erstrahlt dieser KL 200 wieder in altem Glanz.

Ab 1956 kamen Schlepper von Kramer auf den Markt, deren Bezeichnung sich durch eine dreistellige Ziffer von den Vorgängermodellen unterschied. KL bedeutete Kramer luftgekühlt. Der KL 200 war mit 18 PS zu dieser Zeit eines der mittleren Modelle. Kramer bot Traktoren der Leistungsklassen 11, 13, 15, 18, 22, 25 und 33 PS an.

Die Badener hatten den KL mit dem Deutz-Motor F 2 L 712 ausgerüstet, der auch bei den Deutz-Modellen der D-Reihe zum Einsatz kam. Das Fünfgang-Getriebe hatte Kramer selbst gebaut. Diese Fahrzeuge gehörten zu den zuverlässigsten Traktoren ihrer Zeit und waren noch viele Jahre lang im Einsatz. Der KL 200 bekam später die neuere Motorhaube mit der hochgezogenen Schnauze. Seine Leistung wurde auf 20 PS erhöht.

Ebenfalls mit dem Deutz-Motor F L 712, allerdings in der einzylindrigen Variante, war der ab 1959 erhältliche Pionier S bestückt. Dieser etwas über 1.000 Kilo schwere Schlepper zog aus seinen 850 cm^3 Hubraum bei einer Drehzahl von 1.800 Touren die Leistung von 11 PS. Damit war er als Zweitschlepper konzipiert, wie er in diesen Jahren noch sehr gerne gekauft wurde. Aber er sorgte auch mit dafür, die allerletzten kleinen Höfe in die Motorisierung zu überführen. Dazu trug auch die Konstruktion als Tragschlepper bei, die vielerlei Arbeiten ermöglichte. Der Pionier S war der Nachfolger des meistverkauften Kramer-Schleppers KL 11, von dem 6.312 Exemplare abgesetzt werden konnten. Eine andere Variante des 11-PS-Schleppers war der 1958 eingeführte KL 130 mit dem Motor des KL 11. In diesen Jahren erschloss sich Kramer mit Maschinen für die Bauindustrie ein zweites Standbein. ■

AUF EINEN BLICK: KL 200	
Baujahr	1960
Motor	Viertakt-Diesel (Deutz F 2 L 712)
Verfahren	Wirbelkammer
Kühlung	Luft
Zylinder	2
Hubraum	1.700 cm^3
Leistung	18 PS
Drehzahl	1.800 U/min
Höchstgeschwindigkeit	20 km/h
Antrieb	H
Gänge	5V 1R
Gewicht	1.220 kg
Radstand	1.765 oder 1.825 mm

AUF EINEN BLICK: PIONIER S	
Baujahr	ca. 1959
Motor	Viertakt-Diesel (Deutz F 1 L 712)
Verfahren	Wirbelkammer
Kühlung	Luft
Zylinder	1
Hubraum	850 cm^3
Leistung	11 PS
Drehzahl	1.800 U/min
Höchstgeschwindigkeit	20 km/h
Antrieb	H
Gänge	5V 1R
Gewicht	1.090 kg
Radstand	1.650 mm

Die Verwandtschaft zum MB-trac ist nicht zu leugnen. Der 1014 war die Krönung des Schlepperbaus bei Kramer.

In den 60er-Jahren war Kramer den Weg vieler anderer Hersteller gegangen, die wussten, dass man nur noch mit leistungsstärkeren Modellen auf dem Markt bestehen konnte. Viele hervorragende Typen wurden entwickelt, wobei man immer stärker auf Deutz-Motoren setzte, die zuletzt praktisch ausschließlich verwendet wurden. Es wurden nun auch Modelle in den höheren PS-Regionen gebaut, so der KL 600 (54 PS) und der KL 800 (80 PS). Für diese war ein neues Lastschalt-Wendegetriebe entwickelt worden, das mit zwölf Vorwärts- und sechs Rückwärtsgängen ausgestattet war.

Die Entwicklungskosten für die Schlepper, wie auch für die Baumaschinensparte waren sehr hoch, aber nötig, um für die Zukunft gerüstet zu sein. Ab 1970 wurden die Traktoren der 14er-Reihe eingeführt: 414 Allrad, 714 Allrad, 814 Allrad und 1214 Allrad. Diese Fahrzeuge waren technische Meisterleistungen, doch für die meisten Kunden unerschwinglich. Die Zeit leistungsstarker High-Tech-Traktoren war noch nicht gekommen.

1973 blitzte das Genie der Schlepperproduktion bei Kramer noch ein letztes Mal auf: der 1014 Allrad wurde vorgestellt. Dieser Zweiwege-Trac war seiner Zeit weit voraus. Sicherlich: Die drei Anbauräume vor, hinter und auf dem Schlepper waren auch bei anderen Herstellern zu finden. Eine Besonderheit war jedoch die Vierradlenkung, die den 1014 zu einem unglaublich beweglichen und dank Allradantrieb zugleich ungeheuer zugkräftigen Fahrzeug machten. Mit seinem Sechszylinder-Motor F 6 L 912, der auch bei der 06er-Reihe von Deutz eingesetzt wurde, hatte der 1014 ein leistungsstarkes Aggregat erhalten, das 105 PS leistete.

Hohe Kosten und fehlende Anbaugeräte ließen diesen Traktor leider nur zu insgesamt 210 Kunden rollen. 1980 war das Kapitel Kramer-Schlepper endgültig abgeschlossen. ■

AUF EINEN BLICK	
Baujahr	ca. 1974
Motor	Viertakt-Diesel (Deutz F 6 L 912)
Verfahren	Direkteinspritzer
Kühlung	Luft
Zylinder	6
Hubraum	5.662 cm^3
Leistung	105 PS
Drehzahl	2.800 U/min
Höchstgeschwindigkeit	k. A.
Antrieb	A
Gänge	16V 8R
Gewicht	5.900 kg
Radstand	2.500 mm

Landini setzte, ähnlich wie Lanz, zu lange auf Glühkopfmotoren, wie hier beim L25 von 1950.

AUF EINEN BLICK	
Baujahr	1950
Motor	Zweitakt-Glühkopfmotor
Verfahren	Glühkopf
Kühlung	Wasser
Zylinder	1
Hubraum	4.312 cm³
Leistung	25 PS
Drehzahl	880 U/min
Höchstgeschwindigkeit	k. A.
Antrieb	H
Gänge	4V 1R
Gewicht	1.800 kg
Radstand	k. A.

Die Geschichte dieses italienischen Traktorherstellers begann in dem kleinen Ort Fabbrico in der Emilia-Romagna. Dort gründete 1884 der Schmied Giovanni Landini eine Fabrik für Landmaschinen. Es waren seine drei Söhne, die 1925 den ersten Traktor bauten. Dabei handelte es sich um ein 30 PS starkes Gefährt mit der Modellbezeichnung 25/30. Es folgte ein 40-PS-Schlepper, und in den 30er-Jahren wurde Landini in Italien mit den Traktoren Superlandini, Vélite und Bufalo bekannt. Als Antrieb fungierte ein Zweitakt-Glühkopfmotor. Das Unternehmen aus Fabbrico entwickelte sich zum größten italienischen Hersteller von Glühkopf-Schleppern.

1950 ging die L-Serie in Produktion. Die ersten Modelle waren der L25 mit 25 PS und der stärkere L45. 1953 folgten der L35 und ein Jahr später der L55, der bis dahin leistungsstärkste Landini-Traktor mit Glühkopfmotor. Als Antrieb dienten nach wie vor die bewährten Motoren. Beim L25, dem kleinsten Traktor der L-Reihe, hatte der Motor einen Hubraum von 4.312 Kubik. Der Schlepper war vor allem für die kleineren Betriebe bestimmt, die in den 50er-Jahren in Italien ebenfalls einen Motorisierungsboom erlebten. Das Getriebe stammte wie der Motor aus eigener Produktion und bot vier Vorwärtsgänge und einen Rückwärtsgang.

1957 kam aber auch bei Landini das Ende der Glühkopfmotoren. Nach einem Abkommen mit Perkins wurden von nun an Diesel-Motoren auf Lizenz produziert und in die eigenen Traktoren eingebaut. 1960 wurde das Unternehmen von Massey Ferguson übernommen. Heute gehört Landini gemeinsam mit der Traktormarke McCormick zum Traktoren- und Landmaschinenhersteller Argo. ■

12-PS-Bulldog, Typ HL

Der HL 12 war der „Ur-Bulldog". Nach ihm wurden alle anderen Glühkopf-Traktoren von Lanz als „Bulldogs" bezeichnet.

Die Geschichte der Firma Lanz reicht bis ins neunzehnte Jahrhundert zurück. Ein entscheidender Moment war der Eintritt von Heinrich Lanz in die Spedition seines Vaters in Mannheim. 1870 gründete Heinrich Lanz sein eigenes Unternehmen. Zu den von ihm angebotenen Produkten gehörten Dreschmaschinen, Strohpressen und Lokomobile.

1921 stellte Lanz auf der DLG-Ausstellung in Leipzig einen zwölf PS starken fahrbaren Motor unter der Bezeichnung „HL 12" vor. Die Buchstaben H und L standen für den Konstrukteur Fritz Huber und für die Firma Lanz. Der Motor funktionierte nach dem von Herbert Akroyd Stuart entwickelten Glühkopfsystem. Dabei wurde der Kraftstoff, bei dem es sich um Ablassöl, Teeröl oder auch Pflanzenöle handeln konnte, in den Zylinderkopf eingeleitet und verdampft. Da der Motor weder Ventile noch eine Nockenwelle besaß, war er bedeutend einfacher und robuster als der Ottomotor oder der Dieselmotor, und der Kraftstoff war leichter zu beschaffen.

Wegen seines bulligen Aussehens bekam der kleine fahrbare Motor bald die Bezeichnung „Bulldog". Die ersten Modelle des HL 12 waren Gespann-Bulldogs, das heißt, sie wurden von Pferden zu ihrem Einsatzort gezogen, wo sie dann Maschinen antrieben. Der in Leipzig vorgestellte Bulldog besaß aber schon Eisenräder. Der HL hatte noch kein Schaltgetriebe. Die Höchstgeschwindigkeit lag bei 4,2 km/h. Eine Rückwärtsfahrt war nur durch das „Umsteuern" des Motors möglich. Erst 1923 wurde er mit einem Zweiganggetriebe ausgestattet, bei dem aber kein Schalten während der Fahrt möglich war. Im zweiten Gang konnte eine Geschwindigkeit von 12 km/h erreicht werden. ■

AUF EINEN BLICK	
Baujahr	1924
Motor	Zweitakt-Glühkopfmotor
Verfahren	Glühkopf
Kühlung	Verdampfer
Zylinder	1
Hubraum	6.200 cm^3
Leistung	12 PS
Drehzahl	420 U/min
Höchstgeschwindigkeit	12 km/h
Antrieb	H
Gänge	2 V
Gewicht	1.850 kg
Radstand	1.380 mm

HN 3, D 7506

Der D 7506 galt als „Bauernschlepper", hatte aber immerhin 20 PS und war für die kleinen Betriebe immer noch zu teuer.

AUF EINEN BLICK	
Baujahr	1939
Motor	Zweitakt-Glühkopfmotor
Verfahren	Glühkopf
Kühlung	Wasser
Zylinder	1
Hubraum	4.767 cm^3
Leistung	20 PS
Drehzahl	760 U/min
Höchstgeschwindigkeit	15 km/h
Antrieb	H
Gänge	6V 2R
Gewicht	2.800 kg
Radstand	1.683 mm

Der Glühkopfmotor war beliebt, da der dafür benötigte Treibstoff relativ leicht verfügbar war. Der Nachteil lag im Anlassen des Motors, denn der Kraftstoff musste erst mit einer Lötlampe im Zündsack vorgeheizt werden. Dies konnte bis zu 20 Minuten in Anspruch nehmen. Dann musste der Traktor mit dem Schwungrad angeworfen werden, was ein gewisses Geschick erforderte und nicht ungefährlich war.

Lanz sollte sich noch zum erfolgreichsten Traktorproduzenten in Deutschland entwickeln. Aber bis dahin waren noch einige Verbesserungen vorzunehmen. Eine davon war die Verwendung einer Termosyphon-Kühlung, die im Gegensatz zur Verdampfungskühlung kein ständiges Wassernachfüllen verlangte. Die so ausgestatteten Traktoren wurden als „Kühler-Bulldogs" bezeichnet. Ein zweiter Schritt war der Einbau eines richtigen Getriebes in die Schlepper.

Die Modelle, die dem HN, dem „Ur-Bulldog", folgten, waren in der Regel groß und für mittlere und kleine Betriebe zu teuer. Die Entwickler von Lanz hatten schon früh Pläne für einen erschwinglicheren „Bauernschlepper" geschmiedet. Der 20 PS starke HN 3 war ein Ergebnis dieser Überlegungen. Er kam 1935 auf den Markt und war in unterschiedlichen Ausführungen, die mit D-Nummern bezeichnet wurden, erhältlich. In seiner billigsten Variante, dem D 7500, der an beiden Achsen mit Eisenrädern versehen war, kostete der HN 3 3.650 Reichsmark. 5.650 Reichsmark zahlte man für den D 7506, zu dessen Grundausstattung neben der Luftbereifung ein Sechsganggetriebe, eine gefederte Vorderachse und ein geschlossener Führerstand gehörten.

HR 7, D 8506

Der HR 7 gehörte vor dem Zweiten Weltkrieg zu den erfolgreichsten Lanz-Bulldogs. Nach dem Kriegsende wurde die Produktion des HR 7 wieder aufgenommen.

Die kleineren Lanz-Modelle entwickelten sich rasch zu den erfolgreichsten Traktoren Deutschlands und die Zahl der Mitarbeiter im Mannheimer Lanz-Werk schnellte folgerichtig in die Höhe. Außerdem wurde gegen Ende der 30er-Jahre ungefähr die Hälfte der produzierten Schlepper exportiert.

Doch bei all dem Erfolg der kleineren Traktoren hatte man auch die leistungsstärkeren Modelle keineswegs vergessen. 1935 wurde der HR 7 eingeführt. Es handelte sich um einen Traktor mit einem Hubraum von etwas über zehn Litern. Als Leistung wurden anfangs 30 PS bei 540 Umdrehungen angegeben. Man sprach dabei von der „normalen Dauerleistung". Ab 1938 erfolgte aber bei den technischen Angaben zum Modell eine Umstellung auf die Höchstleistung. Und dieser Wert lag laut Lanz bei 35 PS.

Der HR 7 wurde, wie es bei Lanz üblich war, in mehreren Ausführungen auf den Markt gebracht. Die billigste Version, der D 8500, war ein Ackerbulldog mit Eisenrädern, einer ungefederten Vorderachse und einem Dreigang-Getriebe. Der Preis dafür lag bei 5.350 Reichsmark. Für 5.800 Reichsmark war der HR 7 in der Grundausstattung plus einer elektrischen Lichtanlage sowie einer Anlasszündung erhältlich.

Der D 8506 war die Ackerluft-Version. Dazu gehörten eine Luftbereifung vorne und hinten, eine gefederte Vorderachse, die elektrische Lichtanlage, ein Sechsganggetriebe und die Anlasszündung. Der Preis hierfür lag bei 7.400 Reichsmark.

Der HR 7 wurde bis 1955 gebaut. Der Höhepunkt in der Produktion des Modells lag im Jahr 1939, als 3.387 Exemplare dieses Typs hergestellt wurden. ■

AUF EINEN BLICK	
Baujahr	1949
Motor	Zweitakt-Glühkopfmotor
Verfahren	Glühkopf
Kühlung	Wasser
Zylinder	1
Hubraum	10.266 cm^3
Leistung	35 PS
Drehzahl	540 U/min
Höchstgeschwindigkeit	18 km/h
Antrieb	H
Gänge	6V 2R
Gewicht	3.000 kg
Radstand	1.977 mm

Der D 9506 war die Ackerluft-Version des HR 8. Mit seinen 45 PS gehörte er zu den Großtraktoren seiner Zeit.

AUF EINEN BLICK	
Baujahr	1938
Motor	Zweitakt-Glühkopfmotor
Verfahren	Glühkopf
Kühlung	Wasser
Zylinder	1
Hubraum	10.266 cm^3
Leistung	45 PS
Drehzahl	630 U/min
Höchstgeschwindigkeit	17 km/h
Antrieb	H
Gänge	6V 2R
Gewicht	3.500 kg
Radstand	2.036 mm

Der größere Bruder des HR 7 war der HR 8. Dieses Modell war ebenfalls mit einem 10,2-Liter-Motor ausgestattet. Als der HR 8 1935 auf den Markt kam, wurde die Motorleistung mit 38 PS angegeben. 1938 wurde die Leistung bei den technischen Angaben auf 45 PS erhöht, da nun die Höchstleistung damit gemeint war.

Die Ausstattung des D 9506 war mit derjenigen des D 8506 vergleichbar: Luftbereifung, gefederte Vorderachse, Sechsganggetriebe, elektrische Lichtanlage und Anlasszündung. Der Preis für den D 9506 lag bei 8.300 Reichsmark. Die billigste Version des HR 8, der D 9500, kostete 6.350 Reichsmark. Es gab teurere Versionen, zum Beispiel mit einer Seilwinde (D 9528) als Zusatzausrüstung oder mit einem festen Führerhaus (D 9529). Bei letzterem handelte es sich um einen sogenannten „Kombi-Bulldog", der weniger für die Feldarbeit, sondern mehr für den Transporteinsatz und den Antrieb von Dreschmaschinen und Ähnlichem ausgestattet war. Gegen Aufpreis konnte für den HR 8 auch eine Druckluftbremsanlage von Knorr geliefert werden.

Im ersten Jahr der Produktion wurden etwas über 2.000 Exemplare des HR 8 hergestellt. In den folgenden Jahren stieg die Nachfrage nach diesem Modell leicht an. Wie zu erwarten, kam der Einbruch in der Produktion in den letzten Jahren des Zweiten Weltkriegs. Nach Kriegsende stiegen die Zahlen der hergestellten HR-8-Exemplare nur langsam und erreichten nicht mehr das Vorkriegsniveau. 1955 galt der Glühkopfmotor als überholt: Der HR 8 wurde von neueren Modellen abgelöst. ■

Der HN 5 wurde seiner Bezeichnung als „Bauernschlepper" gerecht. Er wurde auch nach dem Zweiten Weltkrieg wieder kurz produziert.

Der HN 5 kam 1937 auf den Markt. Er war sozusagen der kleinere Bruder des HN 3, der weiterhin produziert wurde. Als „Höchstleistung über eine Stunde" wurden 20 PS angegeben. Die normale Dauerleistung sollte 17 PS betragen. Damit lag der HN 5 etwas unter dem HN 3, der eine Höchstleistung von 25 PS und eine normale Dauerleistung von 20 PS besaß. Der HN 5 richtete sich ebenfalls an die kleineren landwirtschaftlichen Betriebe, war aber etwas billiger als der andere „Bauernschlepper". Als D 3506, das heißt, in der Ausführung als Ackerluft-Bulldog mit Luftbereifung, Sechsganggetriebe, elektrischer Anlasszündung und Beleuchtung kostete er 4.150 Reichsmark. Eine einfachere Variante war diejenige als Acker-Bulldog mit der Nummer D 3500. Diese Version besaß Eisenräder und ein Dreiganggetriebe. Der Preis dafür lag bei 3.110 Reichsmark. Als Zusatzausstattung waren eine Zapfwelle, ein Mähwerk, eine Ackerschiene und eine Luftbereifung erhältlich.

Nach Angaben von Lanz konnten mit dem eisenbereiften HN 5 innerhalb von zehn Stunden bis zu zehn Hektar Gras gemäht werden. Mit einem zweischarigen Pflug waren beim Tiefpflügen angeblich bis zu 1,5 Hektar zu schaffen. Mit Luftbereifung sollte dieser Wert sogar noch um 30 Prozent höher liegen.

Im ersten Jahr wurden ungefähr 600 Exemplare des HN 5 hergestellt. In den folgenden Jahren waren es weit über 2.000. Das Ende erfolgte 1942, in der Mitte des Zweiten Weltkriegs. Insgesamt wurden annähernd 11.600 Stück dieses leichten Bauernschleppers hergestellt. ■

AUF EINEN BLICK	
Baujahr	1941
Motor	Zweitakt-Glühkopfmotor
Verfahren	Glühkopf
Kühlung	Wasser
Zylinder	1
Hubraum	4.767 cm^3
Leistung	20 PS
Drehzahl	760 U/min
Höchstgeschwindigkeit	18 km/h
Antrieb	H
Gänge	6V 2R
Gewicht	1.850 kg
Radstand	1.680 mm

HR 8, D 1506

Der HR 8 war ein Schlepper der Oberklasse und kostete als D 1506 über 8.000 Reichsmark.

AUF EINEN BLICK	
Baujahr	1952
Motor	Zweitakt-Glühkopfmotor
Verfahren	Glühkopf
Kühlung	Wasser
Zylinder	1
Hubraum	10.266 cm³
Leistung	55 PS
Drehzahl	750 U/min
Höchstgeschwindigkeit	20 km/h
Antrieb	H
Gänge	6V 2R
Gewicht	3.500 kg
Radstand	2.036 mm

Mit dem HN 5 war den kleinen Betrieben ein weiterer kostengünstiger Bulldog zur Verfügung gestellt worden. Nun war es an der Zeit, wieder an den Kundenkreis zu denken, der Bedarf an leistungsstarken Fahrzeugen hatte. Deshalb gingen die Konstrukteure von Lanz daran, die Drehzahl des 10,2-Liter-Motors weiter zu erhöhen, nämlich auf 750 Touren. Nun konnte eine Dauerleistung von 50 PS und eine Höchstleistung über eine Stunde von 55 PS erreicht werden. Verwendung fand dieser stärkere Motor im HR 8, der in der 55-PS-Version andere D-Nummern erhielt: D 1500 bezeichnete einen Ackerbulldog mit Grundausstattung, D 1501 war ein Ackerbulldog mit elektrischer Anlasszündung und elektrischer Lichtanlage und D 1506 stand für den Ackerluft-Bulldog.

Wegen dem stärkeren Motor kam ein neues Getriebe zum Einsatz, das eine etwas andere Gangabstufung besaß. Der HR 8 mit 55 PS war zwar ebenfalls mit sechs Vorwärts- und zwei Rückwärtsgängen ausgestattet, aber im Straßenverkehr konnte nun eine Höchstgeschwindigkeit von 20 km/h erreicht werden.

Vom HR 8 wurden bis zum Produktionsende im Jahr 1944 rund 3.650 Exemplare hergestellt. Die Kriegsbedingungen und die Bombardierung des Mannheimer Werks setzten der Traktorenproduktion ein Ende. Nach dem Krieg kam die Produktion bei Lanz nur langsam wieder in Gang, da das Werk schwer beschädigt war. Ab 1950 wurde aber der HR 8 mit 55 PS in den Ausführungen als D 1500, D 1506 und D 1532 (Verkehrsbulldog) wieder ins Programm aufgenommen. Die Anzahl der produzierten Exemplare blieb jedoch sehr niedrig. Es waren nur wenige Hundert pro Jahr. Der 55-PS-Bulldog wurde bis 1955 gebaut.

Der D 5506 war ein Nachkriegs-Lanz, der sich Ende der 40er-Jahre unter die zahlreichen kleinen „Bauernschlepper" mischte.

Gegen Ende des Zweiten Weltkriegs war das Lanz-Werk in Mannheim zu ungefähr 90 Prozent zerstört worden. Trotzdem wurde die Produktion nach Kriegsende wieder aufgenommen. Aus den verfügbaren Ersatzteilen wurden neue Bulldogs gefertigt und beschädigte Traktoren repariert. Der richtige Aufschwung kam wie in den anderen Wirtschaftszweigen erst mit der Währungsreform. Anfangs umfasste die Produktpalette die Modelle, die man bis in den Krieg gefertigt hatte. Bald zeigte sich aber, dass die schnell einsetzende Motorisierung der Landwirtschaft neue Modelle verlangte. Besonders groß war die Nachfrage nach Schleppern für die vielen kleinen Betriebe. 1950 brachte Lanz einen 16 PS starken Allzweck-Bulldog auf den Markt. Die Typenbezeichnung lautete eigentlich „HE", aber man ging immer mehr dazu über, die D-Nummer zu verwenden, die in diesem Fall „D 5506" war.

Der Glühkopf befand sich bei diesem Modell nicht mehr vorne, sondern war im Vorderachsträger integriert. Auf der linken Seite vor dem Auspuff befand sich die Öffnung zum Anheizen des Zündsacks. Allerdings konnte dank des elektrischen Anlasszünders auf das Anheizen verzichtet werden. Zur weiteren serienmäßigen Ausstattung des D 5506 gehörten eine Riemenscheibe, die Ackerluft-Bereifung, eine Zapfwelle und eine Einzelradfederung an der Vorderachse. Als Sonderausstattung konnten eine Vierpunkthydraulik, eine Windschutzscheibe, ein Verdeck und ein Mähbalken bezogen werden.

Der D 5506 wurde bis 1952 gebaut. Es gab auch eine Ausführung als Plantagenschlepper. ■

AUF EINEN BLICK	
Baujahr	1951
Motor	Zweitakt-Glühkopfmotor
Verfahren	Glühkopf
Kühlung	Wasser
Zylinder	1
Hubraum	2.806 cm³
Leistung	16 PS
Drehzahl	950 U/min
Höchstgeschwindigkeit	19 km/h
Antrieb	H
Gänge	6V 2R
Gewicht	1.460 kg
Radstand	1.670 mm

Alldog A 1305

Bei diesem Alldog A 1305 wurde der ursprüngliche Lanz-TWN-Motor durch einen Antrieb von Deutz ersetzt.

AUF EINEN BLICK	
Baujahr	1955
Motor	Viertakt-Diesel (Deutz F2L 310), ursprünglich: Zweitakt-Diesel (Lanz-TWN)
Verfahren	Direkteinspritzer
Kühlung	Luft
Zylinder	1
Hubraum	533 cm^3
Leistung	13 PS
Drehzahl	2.800 U/min
Höchstgeschwindigkeit	19 km/h
Antrieb	H
Gänge	6V 1R
Gewicht	1.060 kg
Radstand	2.234-2.306 mm

Lanz stellte 1951 dem erstaunten Publikum den Alldog vor. Es handelte sich um einen Geräteträger, das heißt, um einen Traktor, der mit mehreren Anbaugeräten gleichzeitig arbeiten konnte. Er besaß mehrere Anbauräume, nämlich am Heck, zwischen den Achsen und vorne. Da der Motor nach hinten gerutscht war, bot sich oberhalb der Holme noch Platz für eine Ladepritsche oder einen Behälter. So konnte der Alldog beispielsweise gleichzeitig mit einem Düngerstreuer am Frontanbauraum und einem Grubber zwischen den Achsen arbeiten, oder zwischen den Achsen konnte sich eine Drillmaschine und am Heck eine Egge befinden.

Der Alldog hätte für Lanz der große Wurf sein können – und einen Erfolg hatte das Unternehmen dringend nötig – wenn nicht von Anfang an ein großes Manko vorhanden gewesen wäre. Diese Schwachstelle war der Motor, den Lanz selbst nicht liefern konnte, da man mittlerweile erkannt hatte, dass der Glühkopfmotor keine Zukunft hatte. Bei den ersten beiden Modellen, dem A 1205 und dem A 1215, wurden Zweitakt-Vergasermotoren der Triumph Werke Nürnberg eingesetzt, die jedoch den Anforderungen nicht genügten. Für den A 1305 entwickelte man daher gemeinsam mit TWN einen Dieselmotor. Für den letzten Alldog, den A 1806, verwendete man einen Dieselmotor von MWM, der von guter Qualität war. Der Alldog wurde nur bis 1960 produziert.

In den 60er-Jahren bot Deutz den 20 PS starken Motor F2L 310 als Ersatz für die ursprünglichen Alldog-Motoren an.

Der D 1616 gehörte zu jener neuen Generation von Schleppern, mit der Lanz in das Diesel-Zeitalter eintrat.

Das Lanz-Werk in Mannheim konnte 1953 ein Jubiläum feiern: Der 150.000ste Traktor wurde ausgeliefert. Aber mit den Feierlichkeiten konnte nicht übertüncht werden, dass das Unternehmen vor einer großen Herausforderung stand. Zu lange hatte Lanz auf den Glühkopfmotor gesetzt. Aber dieser verbrauchte im Vergleich zu den Dieselmotoren schlicht und ergreifend zu viel Kraftstoff.

Schon seit 1952 bot Lanz deshalb Traktoren mit Halbdiesel- oder Mitteldruck-Motoren an. Es handelte sich dabei um einen Mischtyp zwischen einem Diesel- und einem Glühkopfmotor. Die Kunden, die vorher einen Glühkopf-Bulldog gekauft hatten, konnten ihre Fahrzeuge sogar umrüsten lassen. Ab 1955 erfolgte bei Lanz schließlich der Umstieg auf Volldieselmotoren. Aber es bestand ein weiteres Manko: Lanz setzte weiterhin auf liegend montierte Einzylinder-Motoren in Zweitakt-Ausführung, die ein Rütteln verursachten, das bei langen Arbeitszeiten auf dem Traktor für den Fahrer sehr unangenehm sein konnte.

Zu den Modellen mit Volldieselmotor, die von Lanz 1955 auf den Markt gebracht wurden, gehörte der D 1616. Es handelte sich dabei um einen 16 PS starken „Bauernschlepper“. Der Käufer konnte zwischen zwei Getrieben wählen: einem mit sechs und einem mit neun Vorwärtsgängen. Beim Sechsganggetriebe war die Höchstgeschwindigkeit 18 km/h, bei der Neungang-Version konnte auf der Straße Tempo 20 erreicht werden. Der entscheidende Vorteil der feineren Gangabstufung lag aber im Hauptarbeitsbereich, wo im Intervall zwischen 1,3 und 7,6 Stundenkilometern sechs Gänge zur Verfügung standen. Der D 1616 wurde bis 1960 gebaut. ■

AUF EINEN BLICK	
Baujahr	1958
Motor	Zweitakt-Diesel (Lanz)
Verfahren	Direkteinspritzer
Kühlung	Wasser
Zylinder	1
Hubraum	2.250 cm^3
Leistung	16 PS
Drehzahl	850 U/min
Höchstgeschwindigkeit	18 km/h
Antrieb	H
Gänge	6V 2R oder 9V 2R
Gewicht	1.260 kg
Radstand	1.620 mm

D 2416

Zu den Vorzügen des D 2416 gehörte die einzelradgefederte Vorderachse.

AUF EINEN BLICK	
Baujahr	1956
Motor	Zweitakt-Diesel (Lanz)
Verfahren	Direkteinspritzer
Kühlung	Wasser
Zylinder	1
Hubraum	2.616 cm³
Leistung	24 PS
Drehzahl	1.050 U/min
Höchstgeschwindigkeit	19,5 km/h
Antrieb	H
Gänge	6V 2R oder 9V 2R
Gewicht	1.490 kg
Radstand	1.770 mm

Der D 2416 kam ebenfalls 1955 auf den Markt und war mit seinen 24 PS der etwas größere Bruder des D 1616. Er war ebenso auf Wunsch mit einem Neunganggetriebe erhältlich. Zur Sonderausstattung gehörten eine Kraftheber-Anlage, eine Riemenscheibe, ein Mähwerk, eine Dreipunkt-Hydraulik, eine fahrunabhängige Zapfwelle und ein Verdeck mit Windschutzscheibe.

Die Volldiesel-Schlepper, die 1955 in Mannheim von den Bändern zu rollen begannen, waren mit einem neuen Design versehen worden, wozu auch die im Vergleich zu den früheren Modellen rundlichere, formschönere und moderner wirkende Motorhaube gehörte. In dieser Hinsicht hatte Lanz die Konkurrenz eingeholt. Die Motorhaube konnte nach vorne geklappt werden, wodurch ein bequemer Zugriff auf die Wartungselemente möglich war.

Im Jahr 1956 konnte Lanz den 200.000sten Traktor ausliefern. Zur selben Zeit übernahm der große amerikanische Traktor- und Landmaschinenhersteller John Deere die Aktienmehrheit bei der Heinrich Lanz AG. Damit verlor Lanz zwar seine Selbstständigkeit, aber es war wohl zugleich die Rettung des Werks, denn es ist fraglich, ob Lanz ohne fremde Hilfe überleben hätte können.

Die Traktoren wurden noch bis 1960 unter dem Markennamen Lanz vertrieben. Dazu gehörte auch der D 2416. Dann erfolgte der Start einer neuen Baureihe unter dem Namen „John Deere-Lanz". Mit diesen Modellen holten die Schlepper aus Mannheim in der technischen Entwicklung die Konkurrenz endgültig wieder ein. Ab 1967 erschienen die neuen Baureihen nur noch unter dem Namen John Deere. Das ehemalige Lanz-Werk in Mannheim ist heute das weltweit zweitgrößte John-Deere-Werk.

Lindner Junior HRL 9 „Bauernfreund“

Die österreichischen Lindner-Traktoren waren auf die Geländeverhältnisse der Alpenrepublik besonders gut abgestimmt.

Hermann Lindner war ein findiger Ingenieur, der im Zweiten Weltkrieg in der Luftfahrtindustrie Erfahrungen sammeln konnte. Gleich nach dem Krieg baute er sich in Kundl ein kleines Unternehmen auf, das zunächst Gebirgsgattersägen baute. Schon sehr bald begann man auch mit dem Bau von Traktoren. Diese Modelle hatten verdampfungsgekühlte Einzylinder-Dieselmotoren von Warchalowski oder Jenbacher, also von österreichischen Herstellern, und wurden in Handarbeit gebaut. 1953 fertigte Lindner den ersten Allradtraktor der Alpenrepublik. In der gebirgigen Gegend Tirols, wo das Hauptabsatzgebiet Lindners lag, kam es besonders auf Zugkraft, Wendigkeit und Geländegängigkeit an.

Wie Fendt seine Schlepper als „Dieselross“ oder Kramer seine als „Allesschaffer“ bezeichneten, so erfand Lindner für seine neuen Traktoren den Namen „Bauernfreund“. Ein kleines, aber mächtiges Modell war der Junior mit 9 PS. Dieses wassergekühlte Leichtgewicht konnte man mit Dreigang- oder Viergang-Getriebe ordern. Ein tiefer Schwerpunkt sorgte für Standfestigkeit, eine Seilwinde war dabei, ebenso Zapfwelle, Differenzialsperre und Mähantrieb: Lindner gab sich viel Mühe, technisch hochwertige Traktoren zu bauen. Lindner hatte sich stets gut aufgestellt und konnte sich als einer der wenigen Hersteller in Europa immer eigenständig behaupten. Heute ist das Unternehmen in Österreich neben Steyr eine Größe, allerdings ist Steyr ja inzwischen in fremder Hand. Lindner bietet neben klassischen Traktoren auch den Unitrac an, den man in etwa mit dem Unimog vergleichen kann. ■

AUF EINEN BLICK	
Baujahr	1958
Motor	Zweitakt-Diesel (Lindner)
Verfahren	k. A.
Kühlung	Wasser
Zylinder	1
Hubraum	500 cm³
Leistung	9 PS
Drehzahl	k. A.
Höchstgeschwindigkeit	12 km/h
Antrieb	H
Gänge	3V 1R oder 4V 1R
Gewicht	940 kg
Radstand	k. A.

AS 250

Der AS 250 ist hier bei der Erntearbeit mit einem Bindemäher unterwegs.

AUF EINEN BLICK	
Baujahr	1943
Motor	Viertakt-Diesel (D 0534 GS)
Verfahren	Kugelbrennraum
Kühlung	Wasser
Zylinder	4
Hubraum	4.504 cm³
Leistung	50 PS
Drehzahl	1.400 U/min
Höchstgeschwindigkeit	20 km/h
Antrieb	H
Gänge	5V 1R
Gewicht	3.700 kg
Radstand	2.100 mm

Der älteste Dieselmotoren-Hersteller der Welt hatte sich bereits recht früh mit der Produktion von landwirtschaftlichen Fahrzeugen befasst, so wurden Lokomobile gebaut oder Motortragpflüge, die denen der Konkurrenz Paroli bieten konnten. Ein Beispiel dafür, wie MAN sich auf Kundenwünsche einstellte, war ein Kuriosum der besonderen Art: ein Gespannschlepper, der statt mit einem Lenkrad mit Zügeln gesteuert wurde. Man wollte den als konservativ bekannten Landwirten so die Umstellung von den Kutschen mit Zugtieren erleichtern.

Doch auf der anderen Seite waren die MAN-Produkte sehr teuer, denn Qualität hatte eben ihren Preis. Diese ersten Erfahrungen veranlassten MAN zunächst, seine Anstrengungen in der Traktorbranche aufzugeben und stattdessen den Lastkraftwagen noch mehr Aufmerksamkeit zu widmen, also einer Sparte, in der man sich bessere Umsätze erwartete. Doch mit der Forcierung der motorisierten Landwirtschaft durch die nationalsozialistische Regierung Ende der 30er-Jahre zeigte auch MAN wieder Flagge.

Eine Lösung der Konstrukteure war 1938 der Dieselschlepper AS 250. Der verwendete Motor war der des Dreitonner-Lastwagens. Er arbeitete mit einem patentierten Kugelbrennraumverfahren. Die Leistung dieses Vierzylinder-Diesels lag bei stolzen 50 PS. Doch das war noch nicht alles. Die Ausstattung war in vieler Hinsicht wegweisend: So war die Schwingvorderachse doppelt gefedert und er besaß Riemenscheibe, Mähantrieb und Zapfwelle, Beleuchtungseinrichtungen, Kotflügel und Windschutzscheibe. Die Leistungswerte dieses Schleppers waren hervorragend, etwa 1.000 Exemplare wurden in Nürnberg und im besetzten Frankreich gebaut. ■

AS 325 H

Der Krieg verhinderte einen früheren Serienbau dieses hervorragenden Schleppers mit 25 PS.

Bereits 1941 wurde ein Prototyp des AS 325 vorgestellt, der als leichterer Universalschlepper neben den AS 250 gestellt werden sollte. Das Modell hatte 25 PS und einen kleineren Vierzylinder-Motor. Dieser zeichnete sich durch hervorragende Betriebseigenschaften aus: hohe Laufruhe, geringe Geräuschentwicklung, niedrige Verbrauchskosten und enorme Leistung. Leider verhinderte der Krieg die Produktion dieses Schleppers, erst nach dem Wiederaufbau der Produktionsanlagen in Nürnberg, wo die Traktoren von MAN hergestellt wurden, konnte 1947 mit der Fertigung begonnen werden.

Bei den neuen Rahmenbedingungen war ein Großtraktor wie der AS 250 nicht mehr gefragt. Die großen Gutsbetriebe lagen hinter dem Eisernen Vorhang und waren nicht mehr zu erreichen. Mit einem 25-PS-Schlepper dagegen gewann man die großen und mittleren Landwirte des Westens.

Besonders zu erwähnen ist die Allradversion dieses Modells. Hierbei handelte es sich um den ersten serienmäßig gebauten Allradschlepper in Deutschland. Der Vierzylinder-Dieselmotor arbeitete mit dem „G"-Verfahren mit Kugelbrennraum im Kolben und Direkteinspritzung. Die Leistung von 25 PS wurde bei einer Drehzahl von 1.500 Touren im Dauerbetrieb erreicht. Das Fünfgang-Getriebe dieser Schlepper stammte von ZF. Auch der AS 325 bekam ein reichhaltiges Zubehör, wie Riemenscheibe, Zapfwelle, Mähantrieb, Differenzialsperre und eine Vorderachsfederung. Optional war auch eine Zwillingsbereifung im Angebot. ■

AUF EINEN BLICK	
Baujahr	1951
Motor	Viertakt-Diesel (D 8814 GS)
Verfahren	Kugelbrennraum
Kühlung	Wasser
Zylinder	4
Hubraum	2.676 cm^3
Leistung	25 PS
Drehzahl	1.500 U/min
Höchstgeschwindigkeit	20 km/h
Antrieb	H
Gänge	5V 1R
Gewicht	1.800 kg
Radstand	1.820 mm

AS 330 A

Allradantrieb war das eine Plus der MAN-Ackerdiesel, das andere war der leise und kräftige Motor.

AUF EINEN BLICK	
Baujahr	1951
Motor	Viertakt-Diesel (D 9214 f)
Verfahren	Kugelbrennraumverfahren
Kühlung	Wasser
Zylinder	4
Hubraum	2.925 cm³
Leistung	30 PS
Drehzahl	1.500 U/min
Höchstgeschwindigkeit	20 km/h
Antrieb	A
Gänge	5V 1R
Gewicht	1.930 kg
Radstand	1.820 mm

MAN hatte es sich angewöhnt, Schlepper mit Hinterradantrieb mit dem angehängten Buchstaben H zu kennzeichnen, Allradschlepper folgerichtig mit einem A. Bei der Maschinenfabrik Augsburg-Nürnberg war man von dem Allradprinzip überzeugt und setzte es als erstes und lange Zeit einziges Unternehmen konsequent um. Einzig den Unimog, der aber ein anderes Konzept verfolgte, und die Firmen, die Traktoren aus Jeep-Fahrwerken bauten, gab es sonst noch. Die Hinterradmodelle waren bei MAN lediglich als Varianten der Allradtraktoren im Angebot.

1950 wurde aus dem AS 325 der 30 PS starke AS 330 mit einem stärkeren Motor entwickelt, den es ebenfalls mit Allrad- und Hinterradantrieb gab. Mit diesem Modell etablierten sich die „Ackerdiesel" von MAN endgültig am Markt und für das Unternehmen war klar, dass man diesen Produktionszweig weiter ausbauen wollte. Sein Motor war ebenso leistungsstark, geräuscharm und zuverlässig, wie diejenigen seiner Vorgängermodelle. Auch der AS 330 hatte das bewährte Fünfgang-Getriebe A 15 von ZF, das auch schon im AS 325 eingebaut war. Neben dem Zubehör der Vorgänger war jetzt auf Wunsch auch ein hydraulischer Kraftheber im Angebot.

Die AS-Familie war bis Mitte der 50er-Jahre mit zusätzlichen Modellen der Klassen zwischen 18 und 40 PS erweitert worden. Kurios für einen Spezialisten im Motorenbau: Man konnte keinen kleineren Motor als 25 PS selbst herstellen und griff für die 18-PS-Schlepper deshalb auf Kraftzellen der Firma Güldner zurück. Alle diese Traktoren hatten Wasserkühlung.

Der 4 R 2 gehörte mit einer Leistung von 40 PS zu den großen Ackerdiesel-Modellen.

Zwischen dem AS 330 A und dem 4 R 2 lagen nur ein paar Jahre, doch hatte sich in dieser Zeit bei MAN einiges getan. 1952 hatte Siegfried Meurer bei MAN einen neuen Motor entwickelt, der nach dem patentierten Mittenkugel- oder M-Verfahren arbeitete, bei dem der kugelförmige Brennraum in der Mitte des Kolbens angeordnet ist. Der Hauptunterschied zu den herkömmlichen Dieselmotoren liegt darin, dass anstelle des zerstäubten flüssigen Kraftstoffs dampfförmiger Kraftstoff mit der Luft gemischt wird. Dadurch kann der Treibstoff weich und fast geräuschlos verbrannt werden. Die Folgen sind niedriger Verbrauch, große Laufruhe und hohes Leistungsvermögen. Damals sprach man sogar vom „Flüstermotor". Das Aggregat nach dem M-Verfahren konnte sehr viel kleiner gebaut werden und trug so beim Einsatz in der Landwirtschaft zu einer besseren Sicht auf Geräte und Boden bei.

Ab 1955/56 wurde dieser Motor, der sich bei den Lkw bestens bewährt hatte, auch in den Schlepperbau eingeführt. Der 4 R 2 besaß ihn bereits.

Mit diesem Modell wurde der ab 1956 gebaute 4 R 1 (zunächst als D 40 A bezeichnet) abgelöst. Seine Leistung lag bei 40 PS. Das standardmäßig eingebaute Getriebe A 16 von ZF konnte auch durch eines mit neun Vorwärts- und zwei Rückwärtsgängen ersetzt werden. Der 4 R 2-Schlepper gehörte zu den erfolgreichen Modellen von MAN. In seiner knapp dreijährigen Bauzeit (zwischen 1957 und 1960) konnte er – zusammen mit der Hinterradversion, die als 2 R 2 bezeichnet wurde – 1.775-mal verkauft werden. Das war für MAN eine recht gute Zahl. ■

AUF EINEN BLICK	
Baujahr	1958
Motor	Viertakt-Diesel (D 0024 M 220)
Verfahren	Mittenkugel
Kühlung	Wasser
Zylinder	4
Hubraum	3.924 cm³
Leistung	40 PS
Drehzahl	1.800 U/min
Höchstgeschwindigkeit	29 km/h
Antrieb	A
Gänge	5V 1R oder 9V 2R
Gewicht	2.680 kg
Radstand	2.215 mm

4 S 2

Zu seiner Zeit war der 4 S 2 mit 50 PS der stärkste Traktor von MAN.

AUF EINEN BLICK	
Baujahr	1958
Motor	Viertakt-Diesel (D 0024 M 221)
Verfahren	Mittenkugel
Kühlung	Wasser
Zylinder	4
Hubraum	3.924 cm³
Leistung	50 PS
Drehzahl	1.900 U/min
Höchstgeschwindigkeit	29 km/h
Antrieb	A
Gänge	7V 1R
Gewicht	3.260 kg
Radstand	2.220 mm

Ein Buchstabe unterscheidet diesen Schlepper vom 4 R 2 – aber nur auf dem Papier. Der 4 S 2 hatte zwar den gleichen Hubraum, aber dank höherer Drehzahl leistete dieser Schlepper 10 PS mehr, nämlich 50 PS. Er war mit dem Siebengang-Getriebe A 20/18 II mit drei zusätzlichen Kriechgängen ausgerüstet, das auch schon sein Vorgänger 4 S 1 besessen hatte. Beide waren, Allradantrieb und Hinterradantrieb zusammen genommen, jeweils fast 1.000-mal verkauft worden. Der 4 S 2 war ein gutes Stück höher und schwerer als der 4 R 2. Bis 1958 war dieses Modell der leistungsstärkste Schlepper von MAN. Die parallel angebotene Hinterrad-Variante lief unter dem Namen 2 S 2. Die meisten der größeren MAN-Schlepper wurden mit dem optional erhältlichen Fahrerverdeck ausgeliefert. Das lag nicht nur an der Eitelkeit der Käufer, sondern war beim Einsatz im Wald sehr praktisch, denn bei Forstarbeiten konnte es sonst schnell passieren, dass man von Ästen getroffen wurde. Besonders in hügeligen Waldgebieten in den deutschen Mittelgebirgen und im Voralpenland konnte der MAN-Schlepper mit dem Allrad-Antrieb eindeutige Vorteile erzielen, weshalb viele Forstbetriebe sich den 4 S 2 oder einen anderen schweren Traktor dieses Unternehmens kauften. Die Zugkraft dieses Schleppers am Haken betrug 3,2 Tonnen. Das war für die damalige Zeit ein herausragender Spitzenwert. Auch das umfangreiche Zubehör, wie bei MAN inzwischen schon gewohnt, konnte den Kunden begeistern. ■

Der 2 F 1 war das Angebot an die kleineren Bauern. Mit einem MAN-Motor leistete er 14 PS.

Je niedriger der Buchstabe zwischen den beiden Ziffern bei den Modellbezeichnungen dieser Generation, desto kleiner war das Modell. MAN war sich darüber im Klaren, dass der Markt vor allem nach günstigen Schleppern rief, die durchaus auch weniger PS haben konnten, dabei aber wendig und vielseitig sein mussten. Mit der Einführung eines 18-PS-Modells war man den ersten Schritt gegangen. Nun wollte man auch im Bereich der Bauernschlepper einen Beitrag leisten. Das Ergebnis war der 2 F 1, der zwischen 1957 und 1961 gebaut wurde.

Er hatte zuerst den Güldner-Motor des Modells Spessart mit 13 PS, ehe MAN ab 1958 einen auf dem Güldner-Aggregat basierenden eigenen Motor einsetzte, der ebenfalls nach dem M-Verfahren arbeitete und – ungewöhnlich für einen MAN-Traktor – wie der Güldner luftgekühlt war. Dank seiner Wespentaille bot der 2 F 1 als Tragschlepper eine sehr gute Sicht auf die Zwischenachs-Anbaugeräte. Das Getriebe A 4 von ZF hatte sechs Vorwärts- und zwei Rückwärtsgänge, wobei der erste als Kriechgang ausgebildet war.

In dieser Leistungsklasse verzichtete man darauf, eine Allradversion herzustellen. Stattdessen gab es auf Basis dieses Modells den einzigen Schmalspurschlepper von MAN.

Der 2 F 1 war mit 6.091 verkauften Exemplaren das bestverkaufte Modell, doch dieser Wert reichte nicht aus, um ganz vorn im Orchester der großen Anbieter wie International Harvester, Deutz oder Hanomag mitspielen zu können. Mit der Umstellung der Produktpalette in den Jahren 1960/61 wurde der 2 F 1 aus dem Programmkatalog gestrichen. ■

AUF EINEN BLICK	
Baujahr	1959
Motor	Viertakt-Diesel (D 7502 M 178)
Verfahren	Mittenkugel
Kühlung	Luft
Zylinder	2
Hubraum	883 cm³
Leistung	14 PS
Drehzahl	2.300 U/min
Höchstgeschwindigkeit	20 km/h
Antrieb	H
Gänge	6V 2R
Gewicht	840 kg
Radstand	1.650 mm

4 N 1

Vom 4 N 1 gab es keine Version mit Hinterradantrieb. Die sollte erst das Nachfolgemodell bekommen.

AUF EINEN BLICK	
Baujahr	1960
Motor Viertakt-Diesel (D 0011 M 161)	
Verfahren	Mittenkugel
Kühlung	Wasser
Zylinder	2
Hubraum	1.960 cm³
Leistung	30 PS
Drehzahl	2.000 U/min
Höchstgeschwindigkeit	27 km/h
Antrieb	A
Gänge	5V 1R
Gewicht	2.100 kg
Radstand	1.900 mm

In München hatte die US Army das Flugmotoren-Werk von BMW in München-Allach besetzt und genutzt. 1955 zogen sie sich daraus zurück, doch BMW hatte keinen Bedarf mehr für das Gelände und die darauf stehenden Hallen. MAN hingegen kämpfte mit seinen beschränkten Möglichkeiten in Nürnberg. Am 28. April 1955 kaufte MAN das Gelände mit den Hallen und bereits am 6. September desselben Jahres lief die Produktion an. In München wurden nun Lkw, Omnibusse und Traktoren gebaut. Viele der Arbeiter stammten von BMW. Die Fertigung der Motoren war in Nürnberg verblieben. Somit war jetzt auch in Bayerns „größtem Dorf" die Schlepperindustrie wieder prominent vertreten.

Auch der 4 N 1 stammte aus München. Er stellte in dieser Schleppergeneration im Portfolio die obere Mittelklasse dar. Mit der Leistung von 30 PS konnte er als vollwertiger Traktor für zapfwellenbetriebene schwere Arbeitsgeräte wie Mähdrescher dienen, seine Zugleistung war dank Allradantrieb hervorragend. MAN hatte für dieses Modell einen Zweizylinder-Motor vorgesehen. Das Getriebe A 10 stammte wie üblich aus Friedrichshafen und bot dem Fahrer fünf Vorwärts- und drei Kriechgänge sowie einen Rückwärtsgang. Alternativ konnte man auch ein Getriebe mit acht Vorwärts- und zwei Rückwärtsgängen plus Kriechgängen wählen.

Der Nachfolger dieses Modells war der 4 N 2. Unter der Bezeichnung 2 N 1 gab es ihn auch mit Hinterradantrieb. Der 2 N 1 war also nicht die Hinterradversion des 4 N 1. Alle zusammen verkauften sich in knapp sechs Jahren etwa 3.500-mal.

Die schön geformte Haube der letzten MAN-Modelle unterstrich die kompakten Motordimensionen. Hinter dem 4 P 1 der Allrad-Kollege Unimog.

Ab 1961 gab es bei MAN ein neues Bauprogramm mit Grundtypen in den Leistungsbereichen von 25, 28, 35 und 45 PS. Prunkstück der Reihe war der Sechszylinder-Schlepper 4 R 3. Um die hohen Kosten aufzufangen, war auch MAN gezwungen, möglichst viel einzusparen. Deshalb war das Unternehmen ebenfalls zum rationelleren Baukastensystem übergegangen. Die Konstruktionsprinzipien wurden möglichst weit angeglichen. Neu war, dass die Modelle nun vorne mit einem Halbrahmen gebaut wurden. Die Motoren waren robust, aber sehr leicht und enorm leistungsfähig. Von allen auf dem Markt waren sie noch dazu die leisesten.

Der 4 P 1 war zusammen mit seinem Bruder mit Hinterradantrieb, dem 2 P 1, der einzige Schlepper in der Geschichte von MAN mit einem Dreizylinder-Motor. Dieser wassergekühlte Diesel, der natürlich nach dem M-Verfahren arbeitete, schaffte bei einer Drehzahl von 2.400 Touren 35 PS. Das Getriebe von ZF war bei diesem Modell das Gruppenschaltgetriebe A 210 mit acht Vorwärts- und vier Rückwärtsgängen. Zu dem reichhaltigen Zubehör gehörte auch ein Frontlader, den man sich auf Wunsch gleich mitliefern lassen konnte. MAN war einer der Vorreiter, die sich für eine weitgehende Normierung im Schlepperbau einsetzten, doch sie hatten damit keinen großen Erfolg.

Dieses Fabrikat verkaufte sich für MAN-Verhältnisse hervorragend. 4.630 Kunden erwarben einen P 1, entweder mit Allradantrieb oder in der Hinterradvariante. Der 4 P 1 war einer der Schlepper, die die Einstellung der Traktorproduktion der Maschinenfabrik Augsburg-Nürnberg noch miterlebten. ■

AUF EINEN BLICK	
Baujahr	1962
Motor	Viertakt-Diesel (D 8613 M 1)
Verfahren	Mittenkugel
Kühlung	Wasser
Zylinder	3
Hubraum	1.915 cm^3
Leistung	35 PS
Drehzahl	2.400 U/min
Höchstgeschwindigkeit	28 km/h
Antrieb	A
Gänge	8V 4R
Gewicht	1.920 kg
Radstand	1.970 mm

Tiefer Schwerpunkt, kompakte Bauweise und geballte Kraft: so verabschiedete sich MAN aus dem Schlepperbau.

AUF EINEN BLICK	
Baujahr	ca. 1961
Motor	Viertakt-Diesel (D 8614 M 1)
Verfahren	Mittenkugel
Kühlung	Wasser
Zylinder	4
Hubraum	2.553 cm³
Leistung	45 PS
Drehzahl	2.400 U/min
Höchstgeschwindigkeit	27 km/h
Antrieb	A
Gänge	8V 4R
Gewicht	2.200 kg
Radstand	2.070 mm

Der sensationelle Höhepunkt der letzten Schleppergeneration war das Modell 4 R 3. Es war so etwas wie der Enkel des 4 R 1, doch welch ein Unterschied! Hatte der „Großvater" noch 40 PS bei einem Hubraum von 3.473 Kubik, so schaffte der 4 R 3 eine fünf PS höhere Leistung aus einem Hubraum von nur noch 2.553 Kubik. Natürlich arbeitete auch die kompakte Kraftzentrale dieses Modells nach dem M-Verfahren. Die meisten Fahrzeuge, die einen M-Motor haben, erkennt man übrigens sofort an dem dynamisch gestalteten rot-weißen „m" auf dem Kühlergrill, sehr gut zu sehen auf den Seiten 107 und 108. Das Getriebe ZF A 216 hatte acht Vorwärts- und vier Rückwärtsgänge mit Kriechgängen. Auffallend war der niedrige Schwerpunkt des 4 R 3.

Insgesamt hat MAN etwas über 50.000 Schlepper verkauft. Der Durchbruch in die Spitzengruppe blieb den Bayern jedoch verwehrt. So entschloss sich die Firmenleitung, die Traktorsparte einzustellen. Am 3. August 1962 vereinbarte die MAN mit Mannesmann als Mutter der Porsche-Diesel, die Fertigungsprogramme aufeinander abzustimmen. Im Klartext hieß das: MAN lieferte an Porsche-Diesel die begehrten M-Motoren und das Allrad-Know-how. Die Ersatzteilversorgung wurde zusammengelegt und die Verkaufsstellen wurden ebenfalls koordiniert. Damit war MAN als eigenständige Schleppermarke Geschichte. Doch auch Porsche, der Senkrechtstarter in der Schlepperszene, warf nur wenige Monate später das Handtuch. Der Mythos MAN lebt heute unter den Freunden von Oldtimer-Schleppern seit einigen Jahren wieder auf. Kein Wunder, denn diese Fahrzeuge waren technisch herausragend und optisch anziehend. ■

Solide gebaut, aber letztlich Außenseiter waren die Schlepper der Firma Martin.

Heute ist das Maschinenbauunternehmen Otto Martin aus Ottobeuren, einem idyllischen Wallfahrts- und Kurort im Unterallgäu, für den Bedarf von Sägen, Fräsen und anderen Holzbearbeitungsgeräten eine gute Adresse. 1936 jedoch hatte der junge Firmenchef Otto Martin andere Pläne. Auf Grundlage des Deutz-Motors F2M 315 und eines Viergang-Getriebes von Opel baute er seinen ersten Traktor zusammen. Es lag nahe, sich auch für die weitere Schlepperproduktion im Rahmen des Schell-Plans zu bewerben. Man bekam den Zuschlag, sollte aber mit dem benachbarten Unternehmen Fendt kooperieren. Das tat dem Schlepper gut. Der F 22 wurde immerhin 375-mal gebaut.

Der Deutz-Motor F2M 414 ist bei den Domstädtern nie in einen Schlepper eingebaut worden, wohl aber bei den 22-PS-Schleppern anderer Hersteller. Mit dabei war die Bayern-Schwaben-Connection Fendt, Martin und Epple-Buxbaum aus Augsburg, die mit dem „Aquila" ein dem Martin F 22 entsprechendes Modell verkauften.

Der F 22 entsprach mit 22 PS, auf zwei Zylindern laufend und dem Prometheus-Viergang-Getriebe den Vorstellungen der Schell-Kommission. Doch auch er musste nach dem Verbot, Dieselkraftstoffe in der Landwirtschaft einzusetzen, mitten im Krieg aufgegeben werden. Nach dem Krieg versuchte Otto Martin noch einmal sein Glück und bot einen 11-PS-Schlepper an. Dieses Modell ohne Motorhaube wirkte sehr viel rückständiger als die Vorkriegsmodelle. Außerdem fehlte ein geeigneter Vertrieb. So gab die Firma schließlich nach nur 67 verkauften Exemplaren und einem Jahr, den Schlepperbau auf – noch vor dem Schlepperboom der 50er-Jahre. ■

AUF EINEN BLICK	
Baujahr	1941
Motor	Viertakt-Diesel (Deutz F2M 414)
Verfahren	Wirbelkammer
Kühlung	Wasser
Zylinder	2
Hubraum	2.199 cm³
Leistung	22 PS
Drehzahl	1.500 U/min
Höchstgeschwindigkeit	12,8 km/h
Antrieb	H
Gänge	4V 1R
Gewicht	1.520 kg
Radstand	1.700 mm

Massey Ferguson TEF-20

Der TE-20 erlangte Weltberühmtheit und war sogar bei einer Expedition zum Südpol dabei.

AUF EINEN BLICK	
Baujahr	1954
Motor	Viertakt-Diesel (Standard)
Verfahren	Direkteinspritzer
Kühlung	Wasser
Zylinder	4
Hubraum	2.093 cm³
Leistung	28 PS
Drehzahl	2.000 U/min
Höchstgeschwindigkeit	21 km/h
Antrieb	H
Gänge	4V 1R
Gewicht	1.225 kg
Radstand	1.780 mm

Der aus Nordirland stammende Harry Ferguson (1884–1960) gehört zu den bedeutendsten Erfindern und Unternehmern in der Geschichte des Traktorenbaus. Er begeisterte sich von klein auf für das Fliegen und für Autorennen, aber sein Lebensziel war es, die Arbeit in der Landwirtschaft durch die Verbesserung der Maschinen zu erleichtern. Seine wohl wichtigste Erfindung war die Dreipunktaufhängung, mit der Maschinen am Traktor befestigt werden können. Nach der gescheiterten Zusammenarbeit mit dem englischen Traktorhersteller David Brown und nach dem Tod von Henry Ford, mit dem er ebenfalls kooperierte, baute Ferguson im englischen Coventry eine eigene Traktorenproduktion auf. Der Traktor, den Ferguson 1946 auf den Markt brachte, hieß TE-20. Die Abkürzung stand für „Traktor England 20 PS". Der Ferguson-Schlepper war im englischsprachigen Raum weithin als „Little Grey Fergie" bekannt („kleiner grauer Fergie").

Die erste Variante des TE-20 wurde von einem Benzinmotor angetrieben. In den anderen europäischen Ländern war jedoch der Dieselmotor dabei sich durchzusetzen, weswegen die Version, die ab 1951 unter der Bezeichnung TEF-20 nach Kontinentaleuropa exportiert wurde, mit einem Diesel-Aggregat der Standard Motor Company angetrieben wurde. Die Motorleistung lag bei 28 PS.

Von 1946 bis 1956 wurden über 170.000 Exemplare des „kleinen grauen Fergies" gebaut. Sie gingen in die Geschichte ein, als 1958 Edmund Hillary mit mehreren TE-20 eine Expedition zum Südpol unternahm. ■

MF 1080 / MF 168

Oben: Der MF 1080 erreichte eine Höchstgeschwindigkeit von 32 Stundenkilometern.

Links: Der MF 168 gehörte zur zweiten Generation der 100er-Reihe. Besonders beliebt war die Ausführung mit Allradantrieb.

Harry Ferguson war mit seiner Traktorenproduktion so erfolgreich, dass man bei Ford, dem Hauptkonkurrenten in den USA, von der „grauen Gefahr“ sprach. Aber 1952 bot Ferguson dem kanadischen Traktoren- und Landmaschinenhersteller Massey-Harris überraschend die Vereinigung der beiden Firmen an. Das Management in Toronto sagte zu, und so entstand das neue Unternehmen „Massey-Harris-Ferguson“. 1957 wurde der Firmenname in „Massey-Ferguson“ geändert, und bald darauf ließ man auch den Bindestrich zwischen den Namen weg.

Der MF 1080 wurde von Massey Ferguson von 1969 bis 1974 produziert. Angetrieben wurde der Schlepper von einem Perkins Dieselmotor. Den MF 1080 gab es auch in einer Ausführung mit Allradantrieb. Bei der Ausstattung standen mit dem MultiPower-Getriebe zwölf Vorwärts- und vier Rückwärtsgänge zur Verfügung.

1965 überarbeitete Massey Ferguson die Traktor-Baureihen. Dazu gehörte ein neues, weltweit einheitliches Design. Die 100er-Baureihe ersetzte die früheren Modelle. Angetrieben wurden die Schlepper von Motoren der britischen Firma Perkins, die seit 1959 zum expandierenden Massey-Ferguson-Konzern gehörte.

Ab 1971 wurde die 100er-Baureihe einer Überholung unterzogen, bei der die weiterentwickelten Schlepper diejenigen der ersten Generation ersetzten. Dazu gehörte der MF 168, der den MF 165 ersetzte. Der MF 168 war in Ausführungen mit Hinterrad- und Allradantrieb erhältlich.

Unter Eicher-Freunden erlangte der MF 168 Bekanntheit, weil er annähernd baugleich mit dem Mammut II der 74er-Reihe war. Eicher gehörte zu dieser Zeit ebenfalls zu Massey Ferguson.

Der MF 168 wurde bis 1976 gebaut. ■

AUF EINEN BLICK: MF 1080	
Baujahr	ca. 1970
Motor	Viertakt-Diesel (Perkins A4.318)
Verfahren	Direkteinspritzer
Kühlung	Wasser
Zylinder	4
Hubraum	5.210 cm^3
Leistung	88 PS
Drehzahl	2.200 U/min
Höchstgeschwindigkeit	32 km/h
Antrieb	H oder A
Gänge	6V 2R oder 12V 4R
Gewicht	4.140 kg
Radstand	2.480 mm

AUF EINEN BLICK: MF 168	
Baujahr	ca. 1972
Motor	Viertakt-Diesel (Perkins A4.236)
Verfahren	Direkteinspritzer
Kühlung	Wasser
Zylinder	4
Hubraum	3.860 cm^3
Leistung	66 PS
Drehzahl	2.000 U/min
Höchstgeschwindigkeit	31 km/h
Antrieb	H oder A
Gänge	6V 2R oder 12V 4R
Gewicht	3.410 kg (A)
Radstand	2.450 mm (A)

MF 233

Der MF 233 wurde in den 80er-Jahren gebaut, die vor allem für Massey Ferguson schwierig waren.

AUF EINEN BLICK	
Baujahr	1984
Motor Viertakt-Diesel (Perkins AD3.152)	
Verfahren	Direkteinspritzer
Kühlung	Wasser
Zylinder	3
Hubraum	2.500 cm³
Leistung	38 PS
Drehzahl	2.150 U/min
Höchstgeschwindigkeit	31 km/h
Antrieb	H oder A
Gänge	12V 4R
Gewicht	2.250 kg (H)
Radstand	2.140 mm (H)

Das goldene Zeitalter für Massey Ferguson waren die 50er- und 60er-Jahre, in denen das Unternehmen weltweit expandierte und andere Firmen, wie Landini, Perkins und Eicher, aufkaufte. Aber Ende der 70er-Jahre musste der Konzern seine Anteile an den anderen Unternehmen wieder verkaufen, und das Jahr 1981 konnte nur mit Regierungshilfe überstanden werden. Kurz darauf ging der einst so aufstrebende Traktoren- und Landmaschienenhersteller in der Varity Corporation auf. Die 80er-Jahre waren generell keine gute Zeit für die Traktorhersteller, da die Krise in der Landwirtschaft vor allem in Nordamerika die Nachfrage in der Landtechnik-Branche schrumpfen ließ.

In dieser schwierigen Zeit kam der MF 233 auf den Markt. Es handelte sich um einen Traktor, der vor allem für Grünlandbetriebe konzipiert war. Angetrieben wurde er von einem wassergekühlten Dreizylinder-Perkins-Motor, der eine Nennleistung von 38 PS erbrachte. Der MF 233 war mit Hinterrad- und Allradantrieb erhältlich. Das Getriebe stellte zwölf Vorwärts- und vier Rückwärtsgänge zur Verfügung. Eine hydrostatische Lenkung, die das Steuern erleichterte, gehörte zur Standardausstattung. Optional konnte der Schlepper auch mit Kabine bezogen werden. Der MF 233 wurde von 1983 bis 1987 produziert.

1994 wurde die Landtechnik-Sparte von Varity an AGCO verkauft, zu dem heute auch Fendt gehört. Massey Ferguson besteht weiter als Markenname und ist neben Traktoren vor allem für Mähdrescher und Ballenpressen bekannt. ■

Unimog 421 (U 40)

Vom Pflügen bis zur Wüstenexpedition: Der Unimog ist wirklich universal einsetzbar.

Wenn sich der Fahrzeug-Gigant aus dem Schwabenland mit landwirtschaftlichen Fahrzeugen befasste, dann stets unkonventionell und spektakulär. Als der Krieg verloren war und die Alliierten Deutschland besetzten, war es Daimler zunächst verboten, sich zu betätigen. Eine größere Gruppe von ehemaligen Angestellten unter Albert Friedrich befasste sich gleich nach Kriegsende mit einem Projekt, das später Universal-Motor-Gerät oder kurz „Unimog“ getauft wurde. Für die Serienproduktion wurde zunächst die Göppinger Firma Boehringer gewonnen. Doch schon 1951 übernahm Daimler-Benz die Herstellung.

Der Unimog war nicht nur in der Landwirtschaft, sondern vor allem bei Feuerwehr, Militär, Dienstleistung und im Straßenbau eine gute Wahl. Durch seine vier gleich großen Räder und den Allradantrieb war er auch auf schwerem Gelände nicht von seinem Weg abzubringen. Die Ladepritsche nahm die spätere Idee des Geräteträgers vorweg. Der Unimog 421 war ein mittelgroßes, sehr kompaktes Fahrzeug, das ab Mitte der 60er-Jahre erhältlich war. Er hatte einen kompakten Vierzylinder-Motor mit 40 PS, der aus der Pkw-Fertigung stammte. Damit war er auch schwereren Aufgaben gewachsen. Das vollsynchronisierte Getriebe hatte sechs Vorwärts- und zwei Rückwärtsgänge. Auf Wunsch konnte man sich ein Kriechgangzusatzgetriebe einbauen lassen, das eine Kriechgeschwindigkeit von 0,05 km/h ermöglichte.

Der Unimog 421 wurde bis 1988 gebaut. Sein Nachfolger war der U 407. ■

AUF EINEN BLICK	
Baujahr	1966
Motor	Viertakt-Diesel (DB OM 352 A)
Verfahren	Vorkammer
Kühlung	Wasser
Zylinder	4
Hubraum	2.197 cm³
Leistung	40 PS
Drehzahl	3.000 U/min
Höchstgeschwindigkeit	54 km/h
Antrieb	A
Gänge	6V 2R
Gewicht	3.700 kg
Radstand	2.250 mm

Mit den MB-tracs hatte Mercedes-Benz ein herausragendes Fahrzeug für die Landwirtschaft entwickelt.

AUF EINEN BLICK	
Baujahr	ca. 1976
Motor	Viertakt-Diesel (DB OM 352 A)
Verfahren	Direkteinspritzer
Kühlung	Wasser
Zylinder	6
Hubraum	5.675 cm³
Leistung	125 PS
Drehzahl	2.500 U/min
Höchstgeschwindigkeit	40 km/h
Antrieb	A
Gänge	14V 14R
Gewicht	5.880 kg
Radstand	2.650 mm

Der MB-trac wurde ebenfalls im Werk Gaggenau produziert. Er war aus dem Unimog abgeleitet und sollte ein Fahrzeug sein, das speziell auf die Bedürfnisse von Landwirten abgestimmt war. Der Allradantrieb und die vier gleich großen Räder stammten vom Unimog, drei Anbauräume (vor, hinter und auf dem Fahrzeug) und Zwei-Wege-Steuerung machten ihn zu einer Besonderheit. Andere Modelle dieser Bauart gab es in diesen Jahren von Deutz (In-trac) und Kramer. Mehrere Arbeitsgänge konnten mit dem Trac problemlos in einem erledigt werden. So wurden wertvoller Kraftstoff und kostbare Zeit gespart.

Fünf Jahre des Planens und Testens waren verflossen, als die wuchtigen MB-tracs 1972 einem staunenden Publikum vorgeführt wurden. 1975/76 wurden die Nachfolger 65/70 des MB-trac mit 65 PS vorgestellt. Der MB-trac 1300 war das mittlere Modell mit imposanten 125 PS. Der Sechszylindermotor mit einem Hubraum von 5.675 Kubik war ein durchzugfreudiger Direkteinspritzer, den man mit einem zusätzlichen Turbolader ausgerüstet hatte. Sein Nachfolger war ab 1987 der 1300 T. Das Wendegetriebe hatte vierzehn Gänge.

Am 17. Dezember 1991 lief der letzte MB-trac vom Band. Hohe Produktionskosten und eine skeptische Absatzprognose hatten den neuen Vorstand bewogen, die MB-tracs einzustellen und sich auf andere Geschäftsfelder zurückzuziehen. Viele Fans dieser Tracs sind heute noch begeistert von den Möglichkeiten, die dieses Fahrzeug eröffnet.

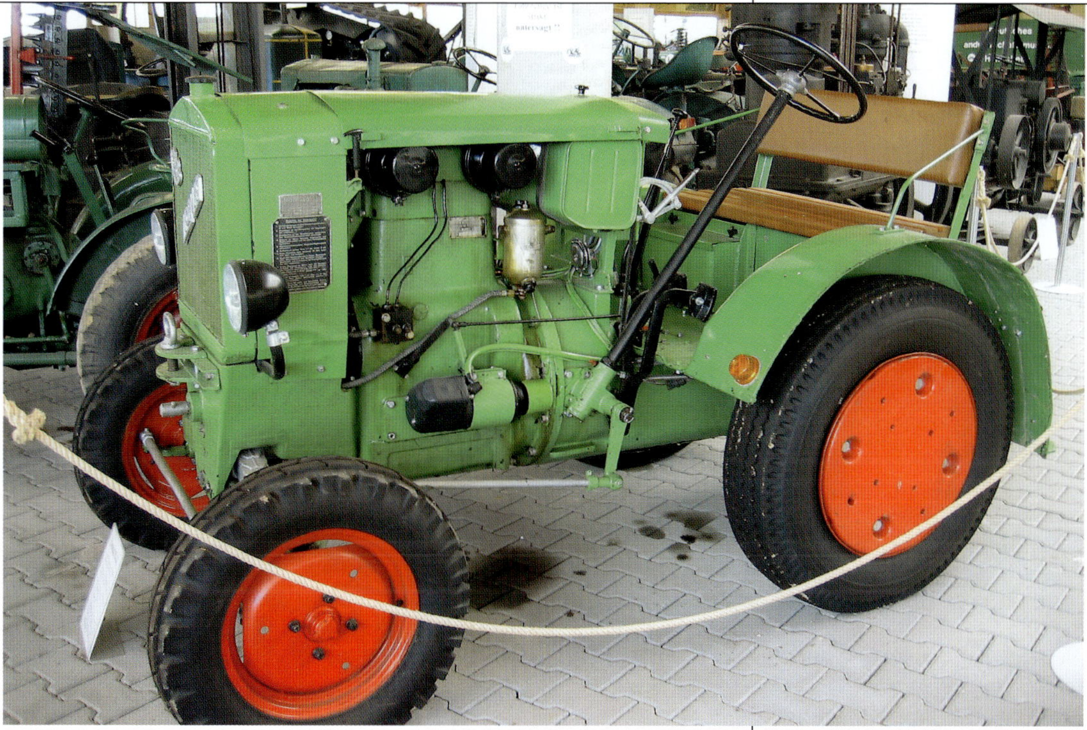

Normag hatte stets eine hervorragende technische Qualität. Der NG 22 beeindruckte durch seine Pendelvorderachse.

Die Nordhäuser Maschinenbau GmbH (ab 1937: Normag GmbH) aus dem Harz begann als Hersteller von Bergbaumaschinen und baute ab 1930 landwirtschaftliche Geräte.

Der erste gebaute Dieselschlepper war 1937 der NG 22 mit einem 22-PS-MWM-Zweizylinder-Motor, der produziert wurde, als der Staat die Technisierung der Landwirtschaft massiv zu fördern begann. Dieser Traktor hatte einige interessante technische Besonderheiten zu bieten, unter anderem die gefederte Pendelschwingvorderachse, eine bewegliche Anhängevorrichtung und die breite Sitzbank, auf der auch ein Beifahrer Platz finden konnte. Auch elektrische Beleuchtung, Riemenscheibe und Zapfwelle gehörten zu dem in Blockbauweise gefertigten NG 22. Auf Wunsch waren ein Mähbalken und sogar noch ein Fahrerhaus erhältlich. Letzteres war besonders interessant, wenn der Schlepper als Zugfahrzeug verwendet werden sollte. Der NG 22 konnte innerhalb eines Jahres mehr als tausend Mal verkauft werden, bei Beendigung der Fertigung 1942 waren es bereits 4.972 Stück – und das trotz kriegsbedingter Restriktionen bei der Inbetriebnahme von Traktoren.

Neben dem NG 22 war vor dem Krieg noch ein NG 10 mit ebenfalls 22 PS entwickelt worden, der sich durch die Verwendung des Deutz-Motors F2M 414 unterschied und weniger Extras hatte. Dieser Motor steckte in vielen „Schell-Schleppern" der Jahre um 1939. Ab 1943 baute Normag auf Grundlage des NG 22 einen Holzgasschlepper, den NG 25 mit MWM-Motor und Prometheus-Getriebe. ■

AUF EINEN BLICK	
Baujahr	1938
Motor	Viertakt-Diesel (MWM KD 12 Z)
Verfahren	Wirbelkammer
Kühlung	Wasser
Zylinder	2
Hubraum	1.700 cm³
Leistung	22 PS
Drehzahl	1.500 U/min
Höchstgeschwindigkeit	k. A.
Antrieb	H
Gänge	4V 1R
Gewicht	1.830 kg
Radstand	1.575 mm

Die doppelte Blattfederung der Vorderachse des NG 15 zählte in dieser Leistungsklasse 1950 noch zu den Ausnahmen.

AUF EINEN BLICK	
Baujahr	1951
Motor Viertakt-Diesel (Normag BM 15)	
Verfahren	Wirbelkammer
Kühlung	Wasser
Zylinder	1
Hubraum	1.178 cm^3
Leistung	15/17 PS
Drehzahl	1.680 U/min
Höchstgeschwindigkeit	19,5 km/h
Antrieb	H
Gänge	4V 1R
Gewicht	1.200 kg
Radstand	1.590 mm

Um für die Produktion kriegswichtiger Güter genügend Kapazitäten zu haben, wurde in Zorge im Westharz ein Zweigwerk errichtet. Nach dem Krieg wurden die Schlepper deshalb unter dem Namen Normag-Zorge verkauft. Zorge war mittlerweile zum Sitz des Unternehmens geworden, weil Nordhausen in der sowjetischen Besatzungszone lag. Dort plünderte die UdSSR das Land aus, ganze Fabriken wurden systematisch gen Osten transportiert.

Schon kurz nach Kriegsende und der eiligen Flucht nach Zorge konnten wieder Traktoren hergestellt werden. In Hattingen im Ruhrgebiet errichtete Normag außerdem ein Zweigwerk, das ab 1947 die Motoren für die Schlepperproduktion in Zorge lieferte. Das erste Modell, der NG 23, war eine Art Nachfolger des NG 22, von dessen Konstruktion vieles übernommen wurde. Neu und wegweisend war jedoch die Möglichkeit zum Anbau von Zwischenachsgeräten. Bei den anderen Anbietern kam diese Idee erst Jahre später auf.

Ab 1950 konnte Normag den NG 15 verkaufen, einen 15, später 17 PS starken Traktor, der genau in den Markt der Bauernschlepper passte, die kurz darauf boomten. Der Einzylinder-Motor stammte aus Hattingen. Er war ein Lizenznachbau des MWM-Motors KD 415 E. Der NG 15 mündete direkt in die Faktor-Reihe: Die Modelle mit 15, 20 (später 22) und 28 PS wurden als Faktor I, II und III bezeichnet. Sie gehören zu den gelungensten und zuverlässigsten Schleppern ihrer Zeit. Bis 1952 war das Programm von Normag-Zorge auf Traktoren zwischen 10 und 45 PS erweitert worden.

NG 16 (Faktor I)

Die luftgekühlte Variante der beliebten Faktor-Schlepper war der NG 16, der wie sein wassergekühltes Pendant Faktor I hieß.

Interessante Neuerungen bei Normag waren unter anderem eine vordere Zapfwelle und ein pneumatischer Patent-Kraftheber, dessen Druckluft auch zum Befüllen der Reifen verwendet werden konnte, oder zum Kippen und Bremsen von Anhängern hilfreich war. Die geistigen Väter der Schlepper, Walter Koenig und Hans Zödler hatten das richtige Näschen, das entscheidend ist, um erfolgreich sein zu können.

1951 ließen sie einen weiteren Versuchsballon steigen. Der Faktor I wurde in einer Bauvariante aufgelegt, die einen Trend der beginnenden 50er-Jahre aufgriff. Normag stieg mit ihr in den Bau luftgekühlter Schlepper ein.

Der NG 16, ebenfalls Faktor I genannt, hatte einen luftgekühlten Einzylinder-Motor, bei dem die Kühlung mittels eines Axialgebläses erfolgte. Dieses Prinzip hatte auch Eicher angewendet. Wie der Nachfolger des NG 15, der zum Faktor wurde, hatte der luftgekühlte Faktor I ein Fünfgang-Getriebe.

1953 kam dann der Wendepunkt in der Unternehmensgeschichte. Man versuchte, mit luftgekühlten Zweitaktmotoren eine neue Baureihe aufzubauen, die den Namen „Kornett" trug. Diese Reihe bestand aus dem Kornett I (12 PS) und dem Kornett II mit 18 PS. Beide Schlepper waren als kleine Bauernschlepper konzipiert, die den kleineren Höfen den Einstieg in die Motorisierung ermöglichen sollten. Leider kam es bei den Motoren recht häufig zu Störungen. Ein ähnliches Debakel kennen wir ja schon von Hanomag. 1957 wurden die letzten Schlepper in Zorge gebaut. Insgesamt hatte Normag etwa 28.000 Schlepper hergestellt. ■

AUF EINEN BLICK	
Baujahr	1951
Motor	Viertakt-Diesel (Normag BM 15 L)
Verfahren	Wirbelkammer
Kühlung	Luft
Zylinder	1
Hubraum	1.180 cm³
Leistung	15 PS
Drehzahl	1.500 U/min
Höchstgeschwindigkeit	19 km/h
Antrieb	H
Gänge	5V 1R
Gewicht	1.260 kg
Radstand	1.565 mm

AP 22

Schon der AP 22 hatte Einzelradfederung, Portalachse und die unverwechselbare Motorhaube der Porsche-Schlepper.

AUF EINEN BLICK	
Baujahr	1958
Motor	Viertakt-Diesel (Porsche-Diesel AP 122)
Verfahren	Wirbelkammer
Kühlung	Luft
Zylinder	2
Hubraum	1.531 cm³
Leistung	22 PS
Drehzahl	2.000 U/min
Höchstgeschwindigkeit	20 km/h
Antrieb	H
Gänge	5V 1R
Gewicht	1.240 kg
Radstand	1.644 mm

Um Missverständnisse zu vermeiden: Der Schlepperbauer Porsche-Diesel hat rechtlich nichts mit der Stuttgarter Sportwagenfirma zu tun. Diese hatte Ferry Porsche, der Sohn des berühmten Ferdinand, gegründet, die Friedrichshafener Traktorschmiede gehörte zum Mannesmann-Konzern. Der Röhren-Riese hatte 1955 die Traktorenproduktion übernommen, die mit dem Konstruktionsbüro Porsche zusammengearbeitet hatte. Der Anteil von Porsche an diesem Unternehmen blieb die Konstruktion, dazu kamen die Lizenzgebühren. Ferdinand Porsche selbst hatte im Dritten Reich hochfliegende Pläne zum Bau eines Volksschleppers, der in großen Mengen produziert werden sollte. Dazu war es jedoch nicht mehr gekommen.

Mannesmann hatte richtig gelegen: der Name Porsche zog. Zunächst jedoch baute man die Allgaier-Modelle weiter. Eines davon war der AP 22, der weitgehend dem gleichnamigen Modell von Allgaier entsprach, das 1953 auf den Markt gekommen war. AP bedeutete Allgaier System Porsche. Er hatte einen Zweizylinder-Motor mit 22 PS und war – wie alle Porsche-Modelle – luftgekühlt. Das Fünfgang-Getriebe stammte vom Friedrichshafener Nachbarn ZF. Der AP wurde noch bis 1958 gebaut. Dann musste auch er der neuen Namens-Generation weichen.

Bei Porsche gab es einen Farbwechsel. Hatte Allgaier grüne und orangefarbene Traktoren, so war Porsche-Diesel zu einem knalligen Rot gewechselt, die Felgen waren sandfarben. Die markante, vorne hochgezogene Motorhaube hatte schon die Schlepper der Allgaier-Generation ausgezeichnet. So gibt es einige Traktorfreunde, die ihren Allgaier rot lackieren, obwohl sie damit vom historischen Farbkleid ihres Schleppers abweichen. ■

Der Junior war an Verkaufszahlen gemessen das erfolgreichste Modell von Porsche-Diesel.

Ab 1. Januar 1956 gab es die Firma Porsche-Diesel in Friedrichshafen. Die Gelder, die eingesetzt wurden, um das Unternehmen nach vorn zu bringen, waren beachtlich. Doch die Marketing-Kampagne, die nun gestartet wurde, übertraf alles, was man bisher im deutschen Schlepperbau erlebt hatte. Ein wichtiger Bestandteil war die Einführung von Namen für die einzelnen Modellgrößen.

1957 wurden die ersten drei Neuen vorgestellt. Ihre klingenden Namen waren Junior für das kleine, Standard für das mittelgroße und Super für das größte Modell. Später kamen noch der Standard Star, der Super Export und der Master hinzu, die das Schlepperprogramm von Porsche-Diesel nach oben abrundeten. So konnte sich jeder sofort vorstellen, mit was er es hier zu tun hatte.

Der Junior basierte auf dem P 112 von Allgaier der Reihe Allgaier System Porsche. Er hatte einen Einzylindermotor mit 14 PS, der im Laufe der Typenentwicklung später auf 15 PS gesteigert wurde. Es gab ihn in verschiedenen Bauvarianten: Lang (also als Tragschlepper), kurz, als technisch einfachere Version, als Schmalspurschlepper und als Baulos mit Viergang-Getriebe. Ansonsten besaß der Junior ein Gruppenschaltgetriebe von ZF mit sechs Vorwärts- und zwei Rückwärtsgängen. Später kam auch ein eigenes Getriebe zum Einbau.

Der Junior war als klassischer Bauernschlepper das Modell bei Porsche, das am häufigsten verkauft wurde. Er wurde in Großserie produziert. In Österreich baute Hofherr-Schrantz dieses Modell in Lizenz nach, ebenso den Standard. ■

AUF EINEN BLICK	
Baujahr	1959
Motor	Viertakt-Diesel (Porsche-Diesel F 108)
Verfahren	Wirbelkammer
Kühlung	Luft
Zylinder	1
Hubraum	822 cm^3
Leistung	14 PS
Drehzahl	2.250 U/min
Höchstgeschwindigkeit	20 km/h
Antrieb	H
Gänge	6V 2R
Gewicht	950 kg
Radstand	1.838 mm

Bei der Vorstellung der neuen Namens-Generation war der Super das leistungsstärkste Modell.

AUF EINEN BLICK	
Baujahr	1957
Motor	Viertakt-Diesel (Porsche-Diesel F 308)
Verfahren	Wirbelkammer
Kühlung	Luft
Zylinder	3
Hubraum	2.457 cm^3
Leistung	38 PS
Drehzahl	2.000 U/min
Höchstgeschwindigkeit	20 km/h
Antrieb	H
Gänge	5V 1R
Gewicht	1.700 kg
Radstand	2.040 mm

Zwischen dem Junior und dem Super war der Standard mit 22 PS das mittlere Modell dieser Generation. Er war quasi der Nachkomme des berühmten Volksschleppers AP 17. Im Laufe seiner Modellgeschichte kam der Standard auf 30 PS. Von diesem Zweizylinder-Modell gab es auch eine vereinfachte Version, den Tragschlepper T, sowie den Standard Star, ebenfalls ein Tragschlepper, der allerdings mit 30 PS gegenüber dem T eine bedeutend höhere Leistung brachte und als so etwas wie der Standard de luxe zu sehen war.

Das größte der 1957 vorgestellten Modelle war der Super. Mit ihm hatte man einen Universalschlepper im Programm, der auch Mähdrescher und andere schwere Erntemaschinen ziehen konnte. Der Super war der Nachfolger des P 133, den es bei Allgaier unter dem Namen A 133 gegeben hatte. Sein Dreizylinder-Motor hatte je nach Version zwischen 30 und 40 PS, das Fünfgang-Getriebe stammte von ZF oder war in Kooperation mit Deutz selbst gefertigt worden. Ein Raddruckverstärker sorgte für eine bessere Zugleistung. Kriech- und Schnellgang waren auf Wunsch erhältlich.

Der Super mit der internen Kennung 308 (es gab dann im Laufe der Entwicklung noch 309, 318 und 319) hatte 38 PS. Der Motor des P 133 war durch Drehzahlerhöhung auf diese Leistung gebracht worden. Serienmäßig war er mit Hydrokupplung und Frontzapfwelle ausgerüstet. Der Super war in mehreren Bauvarianten erhältlich. Als Normalversion N, in einer langen Variante L, als Schmalspurschlepper und in der vereinfachten Version als Super Export. Auch für das Baugewerbe, dann in gelb-orange, konnten Exemplare angeboten werden. ■

Mit dem Super Export war Porsche ein Schlepper gelungen, der dank seiner Vielseitigkeit schnell auf mittelgroßen Höfen zu Hause war.

Vom Super gab es eine Sonderversion, den Super Export. Dieses Modell war als Tragschlepper ausgebildet, der ein vielseitiges Zubehör nutzen konnte. Der Super Export war wiederum in zwei Versionen erhältlich. Die teurere Variante war die mit 35 PS und einem Gruppenschalt-Getriebe mit acht Vorwärts- und zwei Rückwärtsgängen. Das billigere Modell hatte mit gedrosselter Drehzahl 30 PS, ansonsten eine gleichartige Konfiguration. Mit diesem Schlepper konnte man ebenso gut einen Mähdrescher ziehen, wie ein Zwischenachsgerät verwenden, oder aber einen Frontlader anbauen. Er hatte einen Heck- und einen Frontkraftheber. Seine lange, tiefe Bauweise sorgte für hohe Standfestigkeit.

Ein gut ausgebautes Händlernetz, vorbildliche Schulungen und kostenlose Frühjahrsinspektionen lockten die Käufer in Scharen an. Vor allem jedoch waren es die knallharten Preise. Porsche war schon mit den Vorgängermodellen innerhalb eines Jahres auf den zweiten Platz der Zulassungsstatistik emporgeschnellt. Besonders gut verkauften sich die Traktoren vom Bodensee auch im Ausland, das eigentlich nur für die größeren Marken eine Rolle spielte.

Man kann die Dynamik nur bewundern, die Porsche-Diesel in diesen Jahren ausstrahlte – und in hervorragende Produkte umsetzte. Die Porsche-Schlepper wurden nach dem Baukastensystem gefertigt, das eine große Übereinstimmung bei den Ersatzteilen mit sich brachte und somit für die Händler sehr angenehm war. Außerdem konnte man damit Kosten sparen. ■

AUF EINEN BLICK	
Baujahr	1962
Motor	Viertakt-Diesel (Porsche-Diesel F 329)
Verfahren	Wirbelkammer
Kühlung	Luft
Zylinder	3
Hubraum	2.625 cm³
Leistung	35 PS
Drehzahl	2.300 U/min
Höchstgeschwindigkeit	19 km/h
Antrieb	H
Gänge	8V 2R
Gewicht	1.850 kg
Radstand	1.965 mm

Den Master gab es leider ebenso wenig in einer Allradversion wie alle anderen Porsche-Traktoren.

AUF EINEN BLICK	
Baujahr	1962/63
Motor	Viertakt-Diesel (Porsche-Diesel F 409)
Verfahren	Wirbelkammer
Kühlung	Luft
Zylinder	4
Hubraum	3.500 cm³
Leistung	50 PS
Drehzahl	2.000 U/min
Höchstgeschwindigkeit	28,5 km/h
Antrieb	H
Gänge	7V 1R
Gewicht	2.575 kg
Radstand	2.435 mm

Die Krönung der Schlepperproduktion von Porsche-Diesel war der Master. Er hatte den A 144 abgelöst und wurde handgefertigt. Dieses Kraftpaket besaß 50 PS, lediglich die Version 418 blieb bei den 44 PS des Vorgängers stehen. Der Vierzylinder-Motor arbeitete bei einer Drehzahl bis 2.000 Umdrehungen. Da die Verkaufszahlen für dieses Modell naturgemäß nicht sehr hoch waren, gehören die Master heute zu den gesuchtesten Oldtimertraktoren.

Ab 1962 rutschte Porsche-Diesel in eine massive Absatzkrise. Man hatte mit den niedrigen Preisen den Markt überschwemmt und so zu dessen Sättigung mit beigetragen. Da die deutschen Schlepper Wertarbeit waren, war ihre Lebensdauer zu hoch, um kontinuierlich hohe Verkäufe zu landen. Und Porsche hatte inzwischen Nachteile: Zum einen gab es nur luftgekühlte Modelle, viele Kunden hatten aber den Wunsch nach einem wassergekühlten Schlepper. Auch war die technische Ausstattung nicht mehr auf der Höhe der Zeit. Die Konkurrenz hatte nicht geschlafen und trumpfte mit gewichtigen Vorteilen auf, wie dem Allradantrieb und Schleppern mit Nennleistungen deutlich über 50 Pferdestärken.

Die Übernahme der Schlepperproduktion von MAN 1962 sollte diese Mängel beseitigen, denn nun hatte man den besten Motor am Schleppermarkt und die Allradkompetenz mehrerer Jahre gewonnen. Doch schon im Juli 1963 gab der Mutterkonzern Mannesmann die Schlepper-Herstellung auf. So blieb der Master das Maß der Dinge beim Schlepperbauer Porsche, der nur wenige Jahre bestand, aber einen regelrechten Mythos schuf.

Die Domäne des Primus lag im Bereich der Zugaufgaben, denn Zugkraft war seine Stärke.

Die Marke Primus ist vor allem mit dem Namen einer Person verbunden: dem Gründer und geistigen Kopf Johannes Köhler. Er hatte 1932 das Unternehmen in Berlin gegründet und schon früh qualitativ hochwertige Modelle entwickelt, die von 11 PS („Pony") bis zum größeren „Packesel" reichten. Vor allem als Zugmaschinen auf der Straße wurden die Primus-Schlepper berühmt. Als die Nazis die Motorisierung der Landwirtschaft forcierten und dieses Thema für Hersteller lukrativ wurde, lag es auf der Hand, dass Primus ebenfalls Ackerschlepper ins Rennen schickte. Im Krieg war es ratsam, Berlin zu verlassen und im oberbayerischen Miesbach ein neues Werk aufzubauen. Dorthin wechselte nach Einstellung der Kampfhandlungen auch die Zentrale.

Das erste nach dem Krieg gebaute Modell war die Wiederauflage des sehr erfolgreichen 22-PS-Schleppers, der allerdings statt des Deutz-Motors einen wassergekühlten Zweizylinder-Wirbelkammer-Diesel von MWM bekam. Ebenso musste Primus auf das bisher verwendete Getriebe von Prometheus verzichten und stieg auf ein Viergang-Getriebe von ZF um. Die Markenzeichen, die charakteristische runde Kühlerverkleidung und das kreisrunde Typenschild auf der rechten vorderen Seite, waren geblieben.

Johannes Köhler war ein hervorragender Ingenieur, der voller Ideen steckte und versuchte, diese auch in die Tat umzusetzen. So war der „Packesel" von 1940 ein früher Geräteträger, der ein Wendegetriebe besaß und es ermöglichte, ein Heckanbaugerät im Einsatz direkt zu überwachen, indem man einfach rückwärts fuhr und den Sitz umdrehte. Köhler experimentierte auch mit Elektro-Antrieben. ■

AUF EINEN BLICK	
Baujahr	1948
Motor	Viertakt-Diesel (MWM KD 215 Z)
Verfahren	Wirbelkammer
Kühlung	Wasser
Zylinder	2
Hubraum	2.350 cm³
Leistung	22 PS
Drehzahl	1.500 U/min
Höchstgeschwindigkeit	k. A.
Antrieb	H
Gänge	4V 1R
Gewicht	1.550 kg
Radstand	1.650 mm

Primus PD 2

Der PD 2 hatte einen von Primus selbst gebauten Motor, der bis zu 24 PS leistete.

Ende 1949 konnte Primus die ersten Neukonstruktionen nach Kriegsende vorstellen: Den robusten Bauernschlepper P 15 und den P 28 als schwereren Universaltraktor. Der P 28 hatte erstmals einen von Primus selbst gebauten Motor. Ein sehr interessantes Modell, das auf der Messe in Luxemburg sogar eine Goldmedaille erringen konnte, war das 20/24-PS-Modell PD 2.

Dieser Schlepper hatte ebenfalls einen von Primus gebauten Motor, der je nach Drehzahl 20 oder 24 PS leistete. Die Motoren von Primus waren nach dem Baukastenprinzip konstruiert. Das Fünfgang-Getriebe mit Differenzialsperre stammte von Hurth. Die Vorderachse war als Pendelachse mit Blattfederung ausgelegt. Riemenscheibe, Zapfwelle und elektrische Beleuchtungsanlage waren serienmäßig. Mähantrieb, Seilwinde, hydraulischer Kraftheber und Wetterschutzdach waren Zubehörelemente, die man gegen Aufpreis erhalten konnte. Ab 1954 gab es noch einen PD 2 L, einen Schlepper mit luftgekühltem MWM-Motor, der sich jedoch vom PD 2 stark unterschied.

Köhler hatte seinem ehemaligen Mitarbeiter Titus Nachbaurechte verkauft und jener baute dann in Worms unter seinem Namen eine Zeit lang die Primus-Traktoren nach. Deshalb traten größere Spannungen auf, doch das war nicht der einzige Ärger für Johannes Köhler. Es kamen Probleme mit stornierten Exportaufträgen dazu und die hohen Entwicklungskosten. 1958 kam für mehrere Anbieter das Aus, so auch für Primus. Mit dem frühen Tod des Firmenchefs endete auch die Zeit dieser hervorragenden Traktoren. Der Primus ist einer der Schlepper, die das Wirtschaftswunder stark prägten. Doch sein Ruhm ist im Laufe der Jahre bis heute etwas verblasst. ■

AUF EINEN BLICK	
Baujahr	1951
Motor	Viertakt-Diesel (Primus 2 D 120)
Verfahren	Wirbelkammer
Kühlung	Wasser
Zylinder	2
Hubraum	1.870 cm³
Leistung	20/24 PS je nach Drehzahl
Drehzahl	1.500 U/min oder 1.800 U/min
Höchstgeschwindigkeit	24 km/h (bei 1.800 U/min)
Antrieb	H
Gänge	5V 1R
Gewicht	1.550 kg
Radstand	1.650 mm

Oben: Der 20 RE gehörte zu den Schleppern, mit denen Röhr Anfang der 50er-Jahre regionale Bedeutung erlangte.

Links: Die Produktion des R 25 begann 1950 in Landshut.

AUF EINEN BLICK: R 25	
Baujahr	1951
Motor	Viertakt-Diesel (MWM KD 415 Z)
Verfahren	Wirbelkammer
Kühlung	Wasser
Zylinder	2
Hubraum	2.356 cm³
Leistung	25 PS
Drehzahl	1.500 U/min
Höchstgeschwindigkeit	19 km/h
Antrieb	H
Gänge	4V 1R
Gewicht	1.620 - 1.700 kg
Radstand	1.750 mm

AUF EINEN BLICK: 20 RE	
Baujahr	1952
Motor	Viertakt-Diesel (MWM KDW 615 E)
Verfahren	Wirbelkammer
Kühlung	Wasser
Zylinder	1
Hubraum	1.480 cm³
Leistung	20 PS
Drehzahl	1.600 U/min
Höchstgeschwindigkeit	k. A.
Antrieb	H
Gänge	5V 1R
Gewicht	1.500 - 1.540 kg
Radstand	1.600 mm

Die Erich Röhr Maschinenfabrik GmbH gehörte zu den Traktorherstellern, die für einige Zeit regionale Bedeutung und einen hohen Bekanntheitsgrad erlangten, dann aber wieder vom Markt verschwanden. Das Unternehmen wurde 1948 in der niederbayerischen Stadt Passau gegründet und stellte anfangs unterschiedliche Gerätschaften her. Dazu gehörten Kartoffeldämpfer, Torfabbaugeräte und Kompressoren. Eine 22 PS starke, selbstfahrende Steintorf-Formmaschine diente wahrscheinlich als Grundlage für den ersten Traktor von Röhr, den R 22 mit ebenfalls 22 PS.

Die Produktion des R 25 begann 1950, ein Jahr nach dem Umzug des Unternehmens in die niederbayerische Hauptstadt Landshut. Angetrieben wurde der 25-PS-Schlepper von einem wassergekühlten MWM-Motor mit einem Hubraum von 2.356 Kubik. Er wurde bis 1952 produziert.

Der 20 RE wurde ab 1952 gebaut. Unter der Motorhaube arbeitete ein 20-PS-MWM-Motor. Der 20 RE war wie die meisten anderen Röhr-Schlepper für kleine und mittlere landwirtschaftliche Betriebe konstruiert. Nur ein Modell, der „Titan“, zählte mit seinen 60 PS zu den Großtraktoren seiner Zeit. Die Produktionszahlen blieben jedoch bei allen Modellen sehr niedrig. Insgesamt stellte die Firma Röhr jährlich wahrscheinlich nur 500 bis 600 Schlepper her. Bei dieser niedrigen Stückzahl gab es keine Fließbandfertigung. Die einzelnen Schlepper wurden aus Teilen verschiedener Zulieferer zusammengebaut. Die Getriebe wurden von der Zahnradfabrik Augsburg, ZF und Hurth bezogen. Wie zu erwarten war, konnte Röhr mit den größeren Herstellern nicht mithalten. 1954 ging das Unternehmen in Konkurs. Das Werk in Landshut wurde von Isaria übernommen.

Minitauro 50

Der Minitauro trug mit dazu bei, den Traktorhersteller aus Treviglio zum Weltkonzern heranwachsen zu lassen.

AUF EINEN BLICK	
Baujahr	ca. 1970
Motor	Viertakt-Diesel (Same)
Verfahren	Direkteinspritzer
Kühlung	Luft
Zylinder	3
Hubraum	2.556 cm³
Leistung	45 PS
Drehzahl	2.200 U/min
Höchstgeschwindigkeit	25 km/h
Antrieb	A (auf Wunsch H)
Gänge	8V 4R
Gewicht	1.932 kg
Radstand	1.955 mm

Die Abkürzung Same steht für „Società Accomandita Motori Endotermici", was auf Deutsch so viel wie „Verbrennungsmotoren-Kommanditgesellschaft" heißt. Die Herstellung von Motoren war das ursprüngliche Ziel, als die Brüder Francesco und Eugenio Cassani das Unternehmen in der kleinen lombardischen Stadt Treviglio gründeten. Erst 1947 wurde der erste Traktor in das Programm aufgenommen. Es handelte sich um einen preiswerten Dreiradschlepper, der den Einsatz aller damals wichtigen Geräte bot. Dazu gehörte der Anbau eines Mähwerks, eines Pflugs, eines Kartoffelroders und einer Kartoffellegemaschine sowie der Antrieb einer Dreschmaschine. In den folgenden Jahren entwickelte sich das Unternehmen aus Treviglio zu einem der bedeutendsten Traktorhersteller südlich der Alpen. Zur Strategie von Same gehörte es, alle Bauteile des Traktors, wie Motor und Getriebe, selbst herzustellen.

1969 kam der Minitauro auf den Markt, der als Zielgruppe die kleineren und mittleren landwirtschaftlichen Betriebe anvisierte. Der 45 PS starke Dreizylinder-Motor hatte eine Luftkühlung. Same war schon früh auf diese Kühlungsart umgestiegen und spielte dabei in Italien eine Vorreiterrolle. Der Minitauro war sowohl mit Hinterrad- als auch mit Allradantrieb erhältlich. Dies spiegelte die Überzeugung des Same-Gründers Francesco Cassani wider, dass dem Allradantrieb die Zukunft gehörte. Vom Minitauro gab es mehrere Versionen. Das Modell wurde bis 1979 gebaut. ■

Aurora 45

Der Same Aurora 45 war ein beliebter Mittelklasse-Schlepper aus Italien.

Der Aurora 45 kam 1971 auf den Markt. Unter der Motorhaube arbeitete wie beim Minitauro ein luftgekühlter, 45 PS starker Dreizylinder-Motor. Das Getriebe bot in der Standardausführung sechs Vorwärts- und zwei Rückwärtsgänge. Auf Wunsch konnte der Aurora 45 aber auch mit einem Getriebe mit neun Vorwärts- und drei Rückwärtsgängen ausgestattet werden. Die Höchstgeschwindigkeit betrug 25 km/h. Wie die meisten Same-Traktoren, so war auch der Aurora 45 mit Hinterrad- und Vierradantrieb verfügbar. Um den Fahrer vor dem Wetter zu schützen, konnte der Traktor gegen Aufpreis mit einem Verdeck versehen werden. Die Zielgruppe dieses Schleppers stellten die kleineren und mittleren Landwirte dar. Der Aurora 45 wurde bis 1982 hergestellt.

Im selben Jahr, in dem der Aurora 45 vom Stapel lief, gelang Same mit der Übernahme des in Schwierigkeiten geratenen Traktorherstellers Lamborghini eine entscheidende Expansion. Mit Lamborghini übernahm die Firma aus Treviglio einen prestigeträchtigen Markennamen. Ein weiterer wichtiger Schritt hin zum internationalen Konzern erfolgte 1979 mit der Übernahme der Schweizer Traktorschmiede Hürlimann. Der Name des Unternehmens wurde daraufhin in „Same-Lamborghini-Hürlimann" geändert. Der wohl entscheidendste Schritt in der Geschichte des italienischen Traktorbauers erfolgte 1995 mit dem Kauf der KHD-Traktoren- und Landtechniksparte. Diesem Ereignis folgte eine weitere Namensänderung. Same Deutz-Fahr, wie das Unternehmen seitdem heißt, ist heute der drittgrößte Traktoren- und Landmaschinenhersteller in Europa und Hauptaktionär der Deutz AG in Köln. ■

AUF EINEN BLICK	
Baujahr	1971
Motor	Viertakt-Diesel (Same 035-983L)
Verfahren	Direkteinspritzer
Kühlung	Luft
Zylinder	3
Hubraum	2.715 cm³
Leistung	45 PS
Drehzahl	1.800 U/min
Höchstgeschwindigkeit	25 km/h
Antrieb	H (auf Wunsch A)
Gänge	6V 2R oder 9V 3R
Gewicht	1.550 kg
Radstand	1.960 mm

Schlüter DS 25

Mit dem DS 25 erlangte Schlüter den Ruf eines Herstellers von soliden Traktoren und unverwüstlichen Motoren.

AUF EINEN BLICK	
Baujahr	1952
Motor	Viertakt-Diesel (Schlüter ED 25)
Verfahren	Schwenkkammer
Kühlung	Wasser
Zylinder	2
Hubraum	3.114 cm³
Leistung	25 PS
Drehzahl	1.500 U/min
Höchstgeschwindigkeit	20 km/h
Antrieb	H
Gänge	5V 1R
Gewicht	1.940 kg
Radstand	1.905 mm

Schlüter gehörte neben der Brauerei Weihenstephan lange Zeit zu den wirtschaftlichen Wahrzeichen der Stadt Freising. Der aus dem Sauerland stammende Anton Schlüter hatte Anfang 1905 eine Motorenfabrik in München aufgebaut. Sechs Jahre später übernahm er eine Gießerei in Freising, und 1917 konnte er ein drittes Werk eröffnen, das ebenfalls in Freising lag und heute unter Denkmalschutz steht.

Das wirtschaftliche Rückgrat der Schlüterwerke bildeten zunächst Landmaschinen und Dieselmotoren. Die Traktorenproduktion begann 1937 mit dem 14 PS starken DZM, zu dem sich später der zehn PS stärkere DZM 25 gesellte. Diesen Schleppern sah man noch an, dass beim Design Anleihen aus dem Automobilbau gemacht worden waren. Bis 1942, als die Umstellung auf den Holzgasantrieb erfolgen musste, waren ungefähr 1.000 Exemplare der Schlüter-Traktoren gefertigt worden.

Nach dem Krieg wurden zunächst Holzgas-Schlepper auf Dieselmotoren umgerüstet. Das erste neue Diesel-Schlepper-Modell der Nachkriegszeit war der DSU 25, der aber noch auf dem Holzgas-Schlepper GZA 25 aufbaute. Eine Weiterentwicklung des DSU 25 war der DS 25, dessen Produktion 1948 begann und der mit einem angepassten Design und einem neuen Motor aufwarten konnte. Die Dauerleistung lag bei 25 PS, als Höchstleistung wurden 28 PS angegeben. Die Getriebe wurden damals von ZF und von Renk in Augsburg bezogen. Die erste Ausführung des DS 25 besaß noch vier Vorwärtsgänge und einen Rückwärtsgang. Später wurde die Anzahl der Gänge erhöht. Der DS 25 wurde bis 1954 produziert.

Der DS 15 war ein Beitrag der Schlüter-Werke zur Motorisierung der kleinen Landwirte.

Das Jahr 1949 brachte einen schmerzlichen Verlust für das Unternehmen mit sich, denn am 2. März dieses Jahres verstarb der Firmengründer Anton Schlüter. Die Geschäftsleitung wurde von seinem Sohn übernommen und die Traktorenproduktion erfolgreich weitergeführt.

Der DS 15 kam 1950 auf den Markt. Er war der kleine Bruder des DS 25. Angetrieben wurde er von einem 15 PS starken Dieselmotor. Das Getriebe wurde anfangs von ZF oder von Renk in Augsburg geliefert. Die erste Version des DS 15 besaß vier Vorwärtsgänge und einen Rückwärtsgang. Aber schon im ersten Jahr nach Produktionsbeginn kamen neue Getriebe von ZF und Hurth zum Einsatz, die fünf Vorwärtsgänge vorweisen konnten. Die Fünfgang-Ausführung erfreute sich einer bedeutend größeren Beliebtheit bei den Kunden, so dass die Viergangversion bald nicht mehr gebaut wurde. Das Hurth- und das ZF-Getriebe unterschieden sich jedoch in der Gangabstufung. Mit dem fünften Gang des Hurth-Getriebes konnte eine Höchstgeschwindigkeit von 20 km/h erreicht werden, während sie bei der Ausführung mit dem ZF-Getriebe mit 18,7 Stundenkilometern angegeben wurde. Vielleicht war es auf diesen kleinen Vorteil zurückzuführen, dass von der Version mit dem Hurth-Getriebe bedeutend mehr Exemplare verkauft wurden als von den Modellen, in denen die ZF-Technik eingebaut war.

Der DS 15 wurde bis 1955 produziert. Es waren ungefähr 4.200 Exemplare, die ausgeliefert werden konnten. ■

AUF EINEN BLICK	
Baujahr	1954
Motor	Viertakt-Diesel (Schlüter ED 15)
Verfahren	Schwenkkammer
Kühlung	Wasser
Zylinder	1
Hubraum	1.610 cm³
Leistung	15 PS
Drehzahl	1.500 U/min
Höchstgeschwindigkeit	18,7 km/h
Antrieb	H
Gänge	5V 1R
Gewicht	1.390 kg
Radstand	1.585 mm

Schlüter AS 15

Der AS 15 war ein weiterer kleiner Traktor aus Freising. Mit seiner umfangreichen Sonderausstattung erfüllte er die Wünsche der kleinen Betriebe.

AUF EINEN BLICK	
Baujahr	ca. 1954
Motor	Viertakt-Diesel (Schlüter ASM 15 A)
Verfahren	Schwenkkammer
Kühlung	Wasser
Zylinder	1
Hubraum	1.506 cm³
Leistung	15 PS
Drehzahl	1.500 U/min
Höchstgeschwindigkeit	18,6 km/h
Antrieb	H
Gänge	5V 1R
Gewicht	1.300 kg
Radstand	1.600 mm

Mit den ersten Nachkriegsschleppern visierte Schlüter als Zielgruppe die kleinen und mittleren landwirtschaftlichen Betriebe an, die in der bayerischen Heimat des Unternehmens vorherrschten. Für diese Gruppe von Kunden war auch der AS 15 gedacht, der 1953 auf den Markt kam. Er hatte 15 PS. Damit konkurrierte er mit dem DS 15. Was den AS 15 aber hauptsächlich vom DS 15 unterschied, war das weiterentwickelte Hurth-Getriebe vom Typ G 85. Es bot in der Standardausführung fünf Vorwärtsgänge und einen Rückwärtsgang. Auf Wunsch konnte aber auch eine Version mit einem zusätzlichen Kriechgang eingebaut werden. Außerdem gab es noch die Möglichkeit, den Schlepper mit einem Wendegetriebe ausstatten zu lassen. In diesem Fall konnte jeder Gang sowohl vorwärts als auch rückwärts gefahren werden. Die Höchstgeschwindigkeit lag bei 18,6 km/h.

Ab 1954 wurde der Motor des Schleppers, der ASM 15, durch die leicht überarbeitete Version ASM 15 A ersetzt. Zwar blieb die Leistung gleich, aber der Hubraum war von 1.558 auf 1.506 Kubik verkleinert worden.

Zur Standardausstattung gehörte eine Zapfwelle, die unter anderem als Wegzapfwelle erhältlich war. Ein Dach gehörte allerdings nicht zur Grundausstattung. Gegen Aufpreis war aber ein Fritzmeier-Verdeck erhältlich. Ebenso konnte man sich den Schlepper mit einem Mähwerk ausrüsten lassen.

Der AS 15 wurde bis 1956 gebaut. Es waren etwas über 3.300 Exemplare, die aus der Werkhalle in Freising rollten.

Mit dem AS 22 füllte Schlüter die Lücke, die im Bereich der kleineren Mittelklasse-Traktoren bestand.

Der AS 22 kam einen Monat nach dem AS 15 auf den Markt. Mit seinen 22 PS positionierte er sich im Leistungsspektrum zwischen dem AS 15 und dem DS 25. Er besaß das gleiche Hurth-Getriebe wie der DS 15, mit fünf Vorwärtsgängen und einem Rückwärtsgang. Die Höchstgeschwindigkeit lag bei Tempo 18. Allerdings konnte man den AS 22 auch mit einem schnelleren Getriebe ausstatten lassen. In diesem Fall konnte der Schlepper auf der Straße sogar 30 Stundenkilometer erreichen. Außerdem war noch eine Version mit zusätzlichen Kriechgängen verfügbar.

Die Gangabstufung war dann vor allem bei den Geschwindigkeiten im Arbeitsbereich kleiner. Mit den zusätzlichen Kriechgängen waren doppelt so viele Gänge für die Vorwärts- und Rückwärtsfahrt als bei der Normalausführung vorhanden.

Am Anfang hatten die Konstrukteure von Schlüter dem AS 22 den Motor verliehen, der schon im DS 25 Verwendung gefunden hatte. Beim AS 22 hatte das Antriebsaggregat, das nun ED 22 hieß, allerdings weniger Hubraum und deswegen auch weniger Leistung. Nur wenige Monate nach dem Produktionsbeginn des Modells wurde der Motor in ASM 22 umbenannt, ohne dass größere Änderungen stattgefunden hätten. Eine weitere Namensänderung erfolgte 1955, als der Hubraum des Motors von 2.356 auf 2.425 Kubik vergrößert wurde. In dieser Ausführung hieß der Motor nun ASM 22 A. Zur optionalen Ausstattung gehörten ein Fritzmeier-Verdeck, ein Blockkraftheber und ein Mähwerk.

Der AS 22 wurde bis Ende 1956 hergestellt. Es waren knapp über 2.700 Exemplare, die produziert wurden. ■

AUF EINEN BLICK	
Baujahr	ca. 1954
Motor	Viertakt-Diesel (Schlüter ASM 22)
Verfahren	Schwenkkammer
Kühlung	Wasser
Zylinder	2
Hubraum	2.356 cm^3
Leistung	22 PS
Drehzahl	1.500 U/min
Höchstgeschwindigkeit	18 km/h
Antrieb	H
Gänge	5V 1R
Gewicht	1.620 kg
Radstand	1.800 mm

Mit dem S 450 entsprach Schlüter der wachsenden Nachfrage nach leistungsstarken Traktoren.

AUF EINEN BLICK	
Baujahr	1965
Motor	Viertakt-Diesel (Schlüter SD 105 W)
Verfahren	Direkteinspritzer
Kühlung	Wasser
Zylinder	3
Hubraum	3.247 cm³
Leistung	42 PS
Drehzahl	1.800 U/min
Höchstgeschwindigkeit	28 km/h
Antrieb	A (auf Wunsch H)
Gänge	8V 4R
Gewicht	2.250 kg
Radstand	2.000 mm

Im Jahr 1959 war es an der Zeit, das Produktprogramm zu erneuern. Die AS-Modelle wurden von der S-Reihe ersetzt. In technischer Hinsicht waren die Schlepper der S-Reihe eine Weiterentwicklung der Vorgänger. Unter der Motorhaube arbeiteten die Motoren nun nach dem Direkteinspritzverfahren. Die Getriebe stammten anfangs noch von Hurth, aber ab 1961 stieg Schlüter auf ZF als Getriebelieferant um, da Hurth vorhatte, aus der Branche auszusteigen. Auch äußerlich erschienen die Schlüter-Traktoren in einem neuen Design: Die Motorhaube war breiter und kantiger und an der Vorderseite prangte nun das Firmenlogo.

1962 begannen neue Modelle die erste Generation der S-Reihe zu ersetzen. Dazu gehörte der S 450, der mit seinen 42 PS dem S 35 nachfolgte. An der Motorleistung der neuen Schlepper war der eindeutige Trend zum Großtraktorenbau zu erkennen. Eine grundlegende Änderung stellte auch der Übergang von der Blockbauweise zur Halbrahmenbauweise dar, was bedeutete, dass der Motor keine tragende Funktion mehr besaß und leichter aus- und eingebaut werden konnte.

Der S 450 wurde anfangs nur als Allrad-Traktor hergestellt. Ab 1964 war jedoch auch eine Ausführung mit Hinterradantrieb erhältlich. Die Höchstgeschwindigkeit lag bei der Standardausstattung bei 20 km/h. Mit der Schnellgangausführung konnte auf der Straße eine Höchstgeschwindigkeit von 28 Stundenkilometern erreicht werden.

Der S 450 wurde bis 1966 hergestellt. Die Anzahl der Exemplare, die verkauft wurden, belief sich auf ungefähr 2.500. ■

Super 750 V / Super 950 V

Oben: Der Super 950 V war ein beachtliches Kraftpaket, aber die produzierte Stückzahl blieb gering.

Links: Der Super 750 V zählte mit seinen 75 PS bereits zu den Großtraktoren, auf die sich Schlüter später spezialisierte.

Die Baureihe, die 1966 vom Stapel lief, besaß die Bezeichnung „Super". Dieser Name war auch zutreffend, denn vier der sechs neuen Modelle gehörten für die damaligen Verhältnisse zur Riege der Großtraktoren. Das stärkste Modell war der Achtzylinder-Schlepper Super 1500 mit einer Leistung von 130 PS.

Der Super 750 lag mit seinen sechs Zylindern und 75 PS im Mittelfeld. Es gab ihn in einer Ausführung mit Hinterradantrieb und einer Allradversion. Letztere hatte im Namen den Zusatz „V". Ende 1969 wurde der Motor des Super 750, der SD 105 W 6, durch den neuen SDM 104 W 6 ersetzt.Dadurch erhöhte sich die PS-Zahl auf 80. Zur Standardausstattung gehörten ab diesem Jahr ein Sicherheitsrahmen und ein Sonnenschutzdach.

Der Super 750 wurde bis zum Jahr 1971 hergestellt. Es wurden aber nur 450 Stück produziert.

Ende 1967 kamen neue Modelle zur Super-Reihe hinzu. Einige davon ersetzten frühere Typen, andere erweiterten die Baureihe. Der Super 950 ersetzte den Super 900. Mit dem Sechszylinder-Motor erreichte er eine Leistung von 95 PS. 1970 wurde der Motor SD 110 W 6 durch den SM 108 W 6 ersetzt, der eine Leistung von 100 PS erbrachte. Der Super 950 war wie die anderen Modelle der Baureihe sowohl mit Hinterrad- als auch mit Allradantrieb erhältlich. Der Hinterradantrieb hatte bei den großen Traktoren jedoch kaum Bedeutung, so dass ungefähr 97 Prozent der verkauften Exemplare mit Vierradantrieb fuhren. Etwa ein Fünftel der gebauten Schlepper dieses Typs wurden mit einer Kabine ausgestattet. Bis '71 wurden 143 Super 950 hergestellt. Schlüter gewann mit den Großtraktoren Achtungserfolge. Aber die Stückzahlen waren zu gering, um die Zukunft zu sichern. ■

AUF EINEN BLICK: SUPER 750 V	
Baujahr	ca. 1968
Motor	Viertakt-Diesel (Schlüter SD 105 W 6)
Verfahren	Direkteinspritzer
Kühlung	Wasser
Zylinder	6
Hubraum	6.494 cm³
Leistung	75 PS
Drehzahl	1.800 U/min
Höchstgeschwindigkeit	27 km/h
Antrieb	A (auf Wunsch H)
Gänge	12V 6R
Gewicht	3.970 kg
Radstand	2.627 mm

AUF EINEN BLICK: SUPER 950 V	
Baujahr	ca. 1968
Motor	Viertakt-Diesel (Schlüter SD 110 W 6)
Verfahren	Direkteinspritzer
Kühlung	Wasser
Zylinder	6
Hubraum	7.127 cm³
Leistung	95 PS
Drehzahl	1.800 U/min
Höchstgeschwindigkeit	27 km/h
Antrieb	A (auf Wunsch H)
Gänge	12V 6R
Gewicht	4.190 kg
Radstand	2.637 mm

Schlüter Compact 850 V

Er besaß eine Super-Silence-Kabine und eine hydrostatische Lenkung: der Compact 850 V.

AUF EINEN BLICK	
Baujahr	ca. 1980
Motor	Viertakt-Diesel (Schlüter SDM 110 W 4)
Verfahren	Direkteinspritzer
Kühlung	Wasser
Zylinder	4
Hubraum	4.752 cm^3
Leistung	85 PS
Drehzahl	1.800 U/min
Höchstgeschwindigkeit	32 km/h
Antrieb	A (auf Wunsch H)
Gänge	12V 6R
Gewicht	4.200 - 4.300 kg
Radstand	2.346 mm

Anfang der 70er-Jahre wurden die kleineren Modelle der Super-Reihe ausgemustert. An ihre Stelle trat die Compact-Reihe, die für kleine Standard-Traktoren gedacht war. Der Ausdruck „klein" ist hier relativ zu sehen, denn mit der Motorleistung, die diese Schlepper vorweisen konnten, gehörten sie zu dieser Zeit immer noch zu den großen Traktoren. Der Compact 850 war eines der ersten Modelle dieser Baureihe. Allerdings wurden die ersten Exemplare dieses Schleppers im Jahr 1971 noch als Super 800 verkauft, und die Motorleistung betrug 78 PS. Noch im selben Jahr erfolgte die Umbenennung in Compact 850. 1974 wurde die Motorleistung auf 85 PS erhöht. Wie die meisten anderen großen Schlüter-Traktoren gab es auch den Compact 850 in einer Version mit Allrad-Antrieb, nämlich den 850 V, und einer Hinterradausführung. In der Standardversion besaß das Getriebe zwölf Vorwärts- und sechs Rückwärtsgänge. Auf Wunsch konnte die Gangzahl auf 16 Vorwärts- und acht Rückwärtsgänge erhöht werden.

In den folgenden Jahren wurden beim Compact 850 weitere Änderungen vorgenommen. 1978 erhielt der Schlepper eine hydraulisch kippbare Kabine, und zwei Jahre später bekam er eine durchgehende Frontscheibe. Ab 1981 war er wahlweise mit einer Getriebeversion erhältlich, mit der im Straßenverkehr 40 km/h erreicht werden konnten.

Der Compact 850 war das erfolgreichste Modell der Baureihe. Trotzdem wurden bis 1983 nur ungefähr 1.730 Exemplare hergestellt. Schlüter war mit seinen großen, leistungsstarken Schleppern seiner Zeit voraus und musste 1993 den Betrieb einstellen. ■

Der Steyr 180, oder „Sechsundzwanziger", zählt zu den großen Traktorlegenden Österreichs.

Die Firma Steyr Landmaschinentechnik hat ihre Wurzeln in der oberösterreichischen Stadt Steyr. Dort entstand 1934 aus dem Zusammenschluss mehrerer Unternehmen die Steyr-Daimler-Puch GmbH. Zu den gefertigten Produkten gehörten Automobile, Lkw, Busse und Rüstungsgüter. Erste Versuche, in den Traktorenbau einzusteigen, wurden schon vor dem Zweiten Weltkrieg unternommen. Aber der Durchbruch erfolgte erst 1947 mit dem Modell 180, das wegen seiner 26 PS auch „Sechsundzwanziger" genannt wurde. Angetrieben wurde der Schlepper von einem wassergekühlten Zweizylinder-Motor aus der eigenen Produktion. Das Steyr-Getriebe besaß fünf Vorwärtsgänge und einen Rückwärtsgang. Die Höchstgeschwindigkeit lag bei 26 km/h. Die Vorderachse war gefedert und schwenkbar. In der Grundausstattung besaß der 180 kein Dach. Auf Wunsch konnte der Schlepper aber mit einem Wetterverdeck versehen werden. Zu der Zusatzausrüstung, die optional erhältlich war, gehörten eine Zapfwelle, eine Riemenscheibe, ein Mähbalken, ein Mitfahrersitz, stählerne Greifreifen für die Vorder- und Hinterräder, ein Rückscheinwerfer, Zusatzgewichte und ein Druckluftkompressor.

Der „Sechsundzwanziger" wurde bis 1954 hergestellt. Die Hauptzielgruppe bestand aus den kleineren und mittleren österreichischen Landwirten. Es wurden über 25.000 Stück dieses Modells verkauft. Dieser Erfolg ist nicht zuletzt auf seine Robustheit und Zuverlässigkeit zurückzuführen. Zahlreiche Exemplare des 180 sind auch heute noch im Einsatz. ■

AUF EINEN BLICK	
Baujahr	1949
Motor	Viertakt-Diesel (Steyr WD 213)
Verfahren	Vorkammer
Kühlung	Wasser
Zylinder	2
Hubraum	2.661 cm³
Leistung	26 PS
Drehzahl	1.600 U/min
Höchstgeschwindigkeit	26 km/h
Antrieb	H
Gänge	5V 1R
Gewicht	1.800 kg
Radstand	1.660 mm

Ein Steyr 870 in den typischen weiß-roten Farben und dem eckigen Design, das in den 60er- und 70er-Jahren modern war.

AUF EINEN BLICK	
Baujahr	ca. 1970
Motor	Viertakt-Diesel (Steyr WD 410t)
Verfahren	Direkteinspritzer
Kühlung	Wasser
Zylinder	4
Hubraum	3.983 cm³
Leistung	70 PS
Drehzahl	2.400 U/min
Höchstgeschwindigkeit	30 km/h
Antrieb	H (auf Wunsch A)
Gänge	12V 6R
Gewicht	3.240 kg
Radstand	2.280 mm

Steyr entwickelte sich schnell zu einer der wichtigsten Traktormarken in Österreich. Die Schlepperproduktion erfolgte jedoch nicht in der Stadt Steyr selbst, sondern in dem kleinen, nahe gelegenen Ort St. Valentin, der sich noch zu einem der wichtigsten Zentren für Landtechnik in Europa entwickeln sollte.

1966 erschienen die Steyr-Traktoren zum ersten Mal in der später für sie typischen weiß-roten Farbe. Ein Jahr darauf wurden die ersten Modelle der neuen Plus-Serie vorgestellt. Damit einher ging die Umstellung bei den Motoren vom Vorkammerverbrennungs- auf das Direkteinspritzverfahren.

1968 wurde das 70 PS starke, von einem Vierzylinder-Motor angetriebene Modell 870 in das Steyr-Produktprogramm aufgenommen. Der 870 war wie die anderen Modelle der Baureihe mit einem schwingungsgedämpften Fahrersitz, einem sogenannten „Gesundheitssitz“, ausgestattet. Dies spiegelte den Trend zu mehr Fahrkomfort wider. Ein anderer Trend ging in Richtung feinerer Gangabstufung. Der 870 war deshalb mit einem Getriebe mit zwölf Vorwärts- und sechs Rückwärtsgängen versehen. Der Schlepper war sowohl mit Hinterrad- als auch mit Allradantrieb erhältlich.

Im Zuge einer Umstrukturierung wurde 1990 die Landtechniksparte von Steyr-Daimler-Puch zur Steyr-Landmaschinen-Technik mit Sitz in St. Valentin. Im Jahr 1995 erfolgte die Übernahme durch Case IH und die Umbenennung in Case-Steyr Landmaschinentechnik. Gebaut wurden in St. Valentin nun auch Case-Traktoren. Seit der Fusion von Case und New Holland gehört die Marke Steyr zu einem der weltweit größten Landmaschinenhersteller. ■

S 22 W / S 14 L

Oben: Dieser luftgekühlte S 14 L gehörte zu den Bauernschleppern.

Links: Ein sehr seltenes Einzelstück ist dieser 22-PS-Schlepper – noch mit wassergekühltem Deutz-Motor.

Ignaz Sulzer aus Harthausen bei Augsburg war eine jener Gestalten, die die „Stunde Null" hervorgebracht hat. Wie wenige Marken sonst repräsentiert diese Firma den typischen Konfektions-Schlepperbauer. Bereits vor dem Krieg hatte Sulzer erste Anstrengungen unternommen, einen Schlepper zu bauen, doch erst 1949 gelang es ihm, aus den unterschiedlichsten Bauteilen, die er irgendwie auftrieb, eigene Traktoren herzustellen. Alles geschah mit bis zu fünfzehn Mitarbeitern natürlich in Handarbeit. Da man sehr oft die Kunden persönlich kannte, waren die Modelle auf alle Wünsche abgestimmt. Kein Exemplar entsprach dem anderen. Sogar Allradmodelle konnte man anbieten.

Der abgebildete S 22 W (22 PS, wassergekühlt) war aus einem gebrauchten D 40 von Hermann Lanz, Aulendorf, aufgebaut worden. Ansonsten war der Schlepper dem in dieser Zeit gebauten S 22 L mit Motoren von MWM oder Deutz angeglichen worden.

Ein anderes Modell dieses Unternehmens war der S 14 L. S stand natürlich für Sulzer, 14 war die Leistung in PS und der angehängte Buchstabe L oder W bedeutete luft- oder wassergekühlt. Er war typisch für die Produktion bei Sulzer, der hauptsächlich kleinere Schlepper anbot, aber auch wenige 30- und sogar einen 40-PS-Traktor. Der luftgekühlte Motor war der F1L 712 von Deutz, der auch in der D-Reihe dieses Herstellers eingebaut war. Dazu hatte er ein Getriebe mit sechs Vorwärts- und zwei Rückwärtsgängen.

Sulzer hatte sich dank lukrativer Exportaufträge sehr lange halten können. Vor allem in der Schweiz und Frankreich, aber auch in Skandinavien, Belgien, Italien und sogar in Lateinamerika fand das kleine bayerische Unternehmen seinen Kundenkreis. Doch Energie und Erfindungsgeist allein reichten leider nicht aus. 1962 musste Sulzer schließlich doch den Schlepperbau einstellen. ■

AUF EINEN BLICK: S 22 W	
Baujahr	1954
Motor	Viertakt-Diesel (Deutz F2M 414)
Verfahren	Vorkammer
Kühlung	Wasser
Zylinder	2
Hubraum	2.200 cm³
Leistung	22 PS
Drehzahl	1.500 U/min
Höchstgeschwindigkeit	20 km/h
Antrieb	H
Gänge	5V 1R
Gewicht	1.820 kg
Radstand	1.780 mm

AUF EINEN BLICK: S 14 L	
Baujahr	1961
Motor	Viertakt-Diesel (Deutz F1L 712)
Verfahren	Wirbelkammer
Kühlung	Luft
Zylinder	1
Hubraum	850 cm³
Leistung	14 PS
Drehzahl	2.100 U/min
Höchstgeschwindigkeit	20 km/h
Antrieb	H
Gänge	6V 2R
Gewicht	950 kg
Radstand	1.730 mm

Ursus 45

Der Ursus 45 ist wohl der erfolgreichste Lanz-Nachbau. Dieses Exemplar steht im Deutschen Landwirtschaftsmuseum Hohenheim.

AUF EINEN BLICK	
Baujahr	1954
Motor	Zweitakt-Glühkopfmotor
Verfahren	Glühkopf
Kühlung	Wasser
Zylinder	1
Hubraum	10.638 cm^3
Leistung	45 PS
Drehzahl	610 U/min
Höchstgeschwindigkeit	17 km/h
Antrieb	H
Gänge	6V 2R
Gewicht	3.500 kg
Radstand	2.036 mm

Lanz-Traktoren waren zeitweilig wegen ihrer Robustheit und dem Glühkopfmotor, der mit unterschiedlichen Kraftstoffen betrieben werden konnte, in zahlreichen Ländern beliebt. Es wurden mehrere Nachbauten von Lanz-Schleppern unternommen, wie zum Beispiel der Pampa von I.A.M.E.. Der Nachbau, der die größte Stückzahl erreichte, war der in Polen hergestellte Ursus 45.

Die Ursus-Werke in Warschau produzierten schon seit Anfang des vergangenen Jahrhunderts unter anderem Verbrennungsmotoren. Kurz vor dem Ersten Weltkrieg wurden Dieselmotoren mit ins Angebot aufgenommen. Der erste Traktor, den Ursus herstellte, war der in Lizenz nachgebaute Titan von International Harvester. Es handelte sich um einen schweren Schlepper mit Benzin-Motor. Anfang der 30er-Jahre wurden die Ursus-Werke von der polnischen Regierung verstaatlicht. Die Produktion wurde vor allem auf Zugmaschinen und Rüstungsgüter umgestellt.

Nach dem Zweiten Weltkrieg wurde das, was von den Lanz-Werken in Breslau, Königsberg und Rostow noch übrig war, nach Warschau transportiert. Als die polnische Regierung die zerstörte Industrie wieder aufbauen und eine eigene Traktorenfertigung in Gang bringen wollte, war somit die Vorlage für einen Schlepper schon vorhanden. Der Ursus 45, dessen Produktion 1947 begann, entsprach im Großen und Ganzen dem Lanz D 9506. Einige Teile waren von Ursus selbst entworfen worden. Dazu gehörten die Kotflügel, das Allwetterverdeck und der Fahrersitz. Der Schlepper wurde bis 1955 hergestellt. Die Anzahl der produzierten Exemplare soll sich auf ungefähr 60.000 belaufen haben.

Der Beitrag der Getriebefabrik von C. A. Wagner zur „Erzeugerschlacht" des Dritten Reichs war der WSD 22 PS.

Der sächsische Schmiedemeister Carl August Wagner war 1890 von Wilthen nach Kirschau gezogen und hat dort eine Landmaschinenfabrik gegründet. Wagner stellte vor allem Strohpressen her. Der Betrieb wuchs zusehends und hatte zu seinen besten Zeiten fast 250 Mitarbeiter. In den 20er-Jahren begann Wagner mit dem Bau von Getrieben, die er immer mehr verfeinerte. Vor diesem Hintergrund lag es nahe, auch einen eigenen Traktor zu bauen, als die offizielle Sensenlandwirtschaftspolitik der Nazis angesichts der Kriegsvorbereitung nicht mehr durchzuhalten war. 1937 wurden ein Modell mit 10 PS und eines mit 22 PS vorgestellt. Sie wurden als WSD (Wagner Sachsen-Diesel) bezeichnet. Wie viele andere 22-PS-Schlepper dieser Jahre hatte auch der WSD 22 den wassergekühlten Zweizylindermotor F 2 M 414 von Deutz bekommen. Das Getriebe stammte von Prometheus aus Breslau, obwohl Wagner ja selbst Getriebebauer war. Zu Kriegszeiten diente das Unternehmen voll der Rüstungsindustrie und stellte den Schlepperbau ein, der ohnehin nur ein Nebenprodukt der eigenen Fertigung war.

Nach dem Krieg bemächtigten sich die herrschenden Sozialisten des Firmengeländes. Die Produktionsanlagen für die Rüstung wurden demontiert und in die UdSSR gebracht. Die verbliebenen Mitarbeiter gründeten aus den kläglichen Resten ein Werk für Maschinen- und Getriebebau, das 1948 enteignet wurde und als Getriebewerk Kirschau im Kombinat Fortschritt aufging, dem größten Hersteller von Landmaschinen in der DDR. Dessen Zentrale wurde im nahe gelegenen Neustadt eingerichtet. Jetzt wurden Getriebe für die Landmaschinen der DDR und – Backöfen hergestellt. ■

AUF EINEN BLICK	
Baujahr	1939
Motor	Viertakt-Diesel (Deutz F2M 414)
Verfahren	Vorkammer
Kühlung	Wasser
Zylinder	2
Hubraum	2.198 cm³
Leistung	22 PS
Drehzahl	1.200 U/min
Höchstgeschwindigkeit	k. A.
Antrieb	H
Gänge	4V 1R
Gewicht	1.466 kg
Radstand	k. A.

Warchalowski

WT 20

Das österreichische Unternehmen Warchalowski hatte einige interessante Schlepper-Modelle aufzubieten, so den WT 20.

AUF EINEN BLICK	
Baujahr	ca. 1960
Motor	Warchalowski V-Motor D-22
Verfahren	k. A.
Kühlung	Luft
Zylinder	2
Hubraum	k. A.
Leistung	20 PS
Drehzahl	k. A.
Höchstgeschwindigkeit	k. A.
Antrieb	H
Gänge	8V 1R
Gewicht	885 kg
Radstand	k. A.

Adolf Warchalowski war ein Flugpionier der ersten Stunde. Er hatte den Flugschein Nr. 1 in Österreich-Ungarn und stellte einmal einen Weltrekord (Dauerflugleistung) auf. Sein Vater war Maschinenbauer, die technische Biographie war ihm also in die Wiege gelegt worden. Er begann damit, Flugmotoren zu bauen und wandte sich später auch dem Dieselmotor zu. Im Laufe der Firmengeschichte änderte sich das Angebot, neue Wege wurden beschritten. Als in den 50er-Jahren der Schlepperboom auch Österreich auf den Kopf stellte, war für Warchalowski klar, dass man sich beteiligen musste. Die richtigen Motoren hatte man ja im Unternehmen zur Verfügung. Das hochwertige Achtgang-Getriebe bekam man von der Zahnradfabrik Friedrichshafen geliefert. Der erste Traktor war 1955 der WT 14. Kurz darauf folgten Modelle zwischen 20 und 50 PS. Der WT 20 war dabei die 20-PS-Version. Der luftgekühlte Zweizylinder-Motor war mit einem Achtgang-Getriebe von ZF verblockt. Dieses Modell war kräftig und als Tragschlepper einsetzbar. Es gab mehrere Bauvarianten.

Die Motoren waren von Hans List, dem Gründer der 1948 in Graz entstandenen AVL LIST GmbH. Diese ist heute das weltgrößte private Unternehmen für die Entwicklung von Antriebssystemen mit Verbrennungsmotoren und zugehöriger Mess- und Prüftechnik. Warchalowski musste 1970 die Fertigung von Schleppern mit eigenen Motoren aufgeben und griff auf solche von IH zurück. Später wurde die Firma von Case-IH übernommen. ■

Zetor 25 K

Hier steht der Zetor 25 K aus dem Jahr 1954 links neben dem Zetor Super 50, Baujahr 1959.

Recht schnell nach dem Krieg wurde auch in den Ländern des sowjetischen Einflussbereichs damit begonnen, die Wirtschaft wieder aufzubauen und vor allem die Ernährung der Bevölkerung sicherzustellen. In der Tschechoslowakei gab es eine lange Tradition im Maschinenbau. Promineneste Beispiele sind Skoda und Tatra. In Brno (Brünn) wurde 1946 die 1918 als Tschechoslowakische Waffenfabrik gegründete und im Krieg der Rüstung dienende Firma mit der Herstellung des Traktors Zetor beauftragt. Schon gleich nach Kriegsende war ein Modell skizziert worden, das nun als Zetor 25 auf den Weg gebracht wurde.

Wie der Name vermuten lässt, hatte dieses Modell 25 PS. Diese Leistung holte er aus einem Zweizylinder-Viertakt-Diesel bei einer Drehzahl von 1.800 Touren. In der hier vorgestellten 1954er-Version hatte der Schlepper ein Getriebe mit sechs Vorwärts- und zwei Rückwärtsgängen. Bis zu 32 km/h konnten erreicht werden. Vielen Fahrern behagte die hohe Sitzposition auf diesem Schlepper nicht. Sie fühlten sich ungeschützt.

Das Ziel der Firma war es, günstige und gute Traktoren zu bauen. Das gelang sehr gut. Oft wurden technische Neuerungen verwendet, am wichtigsten war vielleicht die erste voll integrierte, gummigelagerte Sicherheitskabine im Schlepperbau. Da man in einem kleinen Land nicht ohne weiteres vom Traktorbauen leben konnte, wurden internationale Geschäfte angestrebt. Zum wichtigsten Partner wurde Finnland, das schon in den 50er-Jahren die ersten Zetor-Schlepper bekam. Zetor ist heute auch auf dem deutschen Markt präsent. ■

AUF EINEN BLICK	
Baujahr	1954
Motor	Viertakt-Diesel (Zetor)
Verfahren	Wälzkammer
Kühlung	Wasser
Zylinder	2
Hubraum	2.080 cm³
Leistung	25 PS
Drehzahl	1.800 U/min
Höchstgeschwindigkeit	32 km/h
Antrieb	H
Gänge	6V 2R
Gewicht	1.955 kg
Radstand	1.890 mm